硒的检测分析方法

刘永贤　主编

科学出版社

北京

内 容 简 介

本书首先对硒进行了科普介绍,让广大读者能进一步认识硒、了解硒、熟悉硒。其次,系统地对水体、土壤、岩石与煤、肥料、气体、植物、食用菌、藻类、微生物、动物、人体等进行硒检测分析前的采样与样品制备做了专门阐述。考虑到读者对象不同,有些不同类型硒的检测分析方法并列了几种方法。有些方法已经形成了相关标准颁布实施,有些已公开发表,有些属于项目组近年创新研究首次公开,但已经多次验证、熟化,可以推广应用。不同的检测分析方法所需的仪器设备也不尽相同,可根据分析目的、要求和条件选择使用。

本书可作为广大硒学工作者及从事化学分析的科研工作者与高校师生队伍开展不同形态硒检测分析的工具书。

图书在版编目(CIP)数据

硒的检测分析方法 / 刘永贤主编. —北京:科学出版社,2019.11
ISBN 978-7-03-062606-6

Ⅰ. ①硒… Ⅱ. ①刘… Ⅲ. ①硒化合物—检测 Ⅳ. ①O613.52

中国版本图书馆 CIP 数据核字(2019)第 225263 号

责任编辑:周 丹 石宏杰 / 责任校对:杨聪敏
责任印制:赵 博 / 封面设计:许 瑞

科学出版社 出版
北京东黄城根北街 16 号
邮政编码:100717
http://www.sciencep.com
北京凌奇印刷有限责任公司印刷
科学出版社发行 各地新华书店经销
*
2019 年 11 月第 一 版 开本:720×1000 1/16
2025 年 4 月第四次印刷 印张:10 1/2
字数:208 000
定价:89.00 元
(如有印装质量问题,我社负责调换)

《硒的检测分析方法》编委会

序

  硒是一种多功能的生命营养素，富硒生态高值型功能农业是未来农业的重要发展方向之一。2008 年，本人作为中国科学院农业领域战略研究组组长编制《中国至 2050 年农业科技发展路线图》时首次提出了"农产品要走向营养化、功能化、个性化"的理念，此为功能农业的雏形概念，至今已走过了十多年。在此期间，富硒生态高值型功能农业发展最为迅猛，得到了越来越多的科研机构、政府部门、农业企业的认可与支持，而且众多的科研工作者、农业龙头企业投身其中。为促进富硒生态高值型功能农业的健康、快速发展，在硒发现 200 周年、功能农业提出 10 周年之际，中国科学院、广西农业科学院、中国科学技术大学、华中农业大学、广西大学等单位的硒学工作者紧密合作、共同努力，编制了《硒的检测分析方法》，该书对水体、土壤、岩石与煤、肥料、气体、植物、食用菌、藻类、微生物、动物、人体等中的不同类型与形态的硒的检测分析方法进行了系统整理，对于硒学工作者是一本很好的方法学工具书。该书是硒学领域的一次沉淀，具有里程碑式意义。

  值此书出版之际，欣然作序，以示祝贺，并希望广大硒学工作者今后更好地服务于富硒功能农业科学的发展。

中国科学院院士 赵其国

2019 年 4 月

目　　录

第1章 硒的概述

1.1 硒的发现与功能

硒（Se）是瑞典科学家、现代化学之父——贝采利乌斯（瑞典语：Jöns Jakob Berzelius）于 1817 年从硫酸厂的铅室底部的红色粉状物质中发现的一种化学元素，并把它命名为 Selene（希腊语，是月亮的意思）。同时，他还发现硒的同素异形体，并还原硒的氧化物，得到橙色无定形硒；缓慢冷却熔融的硒，得到灰色晶体硒；在空气中让硒化物自然分解，得到黑色晶体硒。硒在化学元素周期表中位于第四周期Ⅵ A 族，是一种非金属。可以用作光敏材料、电解锰行业催化剂等。硒在自然界的存在方式主要分为两种：无机硒和植物活性硒。无机硒一般指亚硒酸盐和硒酸盐，包括有大量无机硒残留的酵母硒、麦芽硒，主要从金属矿藏的副产品中获得，无机硒有较大的毒性，且不易被吸收，不适合人和动物使用；植物活性硒通过生物转化与氨基酸结合而成，一般以硒代蛋氨酸的形式存在，是人类和动物允许使用的硒源。

硒是人与动物必需的微量元素和植物有益的营养元素，在人体中构成含硒蛋白与含硒酶成分，是谷胱甘肽过氧化物酶的组成部分；是一种具有抗氧化、抗衰老、抗肿瘤、保护和修复细胞、提高人体免疫力、解除重金属毒害等多种功能的生命营养素。常常用于治疗肿瘤、癌症、克山病、大骨节病、心血管病、糖尿病、肝病、前列腺病、心脏病等 40 多种疾病。

1.2 常见的硒化合物

1.2.1 无机硒化合物

主要是指硒酸盐与亚硒酸盐化合物及硒酸与亚硒酸等。

1. 亚硒酸盐

亚硒酸盐是由亚硒酸根离子（SeO_3^{2-}）与其他金属离子组成的化合物，多数是电解质，有毒。常见化合物主要有亚硒酸钠与亚硒酸钾。

亚硒酸钠（sodium selenite）。分子式为 Na_2SeO_3，分子量为 172.94，白色结晶

或结晶性粉末，溶于水，不溶于乙醇，LD$_{50}$（大鼠经口）为7mg/kg。遇还原剂析出硒单质。所得溶液在氯化钙真空干燥器内于室温下除去水分，并加入晶种使结晶析出，经抽滤后，于干燥器中干燥，即得亚硒酸钠水合物。将所得反应液于60～100℃下蒸发、结晶、脱水、干燥，即可得无水亚硒酸钠。亚硒酸钠对氨基酸的代谢、蛋白质的合成、糖类代谢、生物氧化都有影响。

亚硒酸钾（potassium selenite）。分子式为K$_2$SeO$_3$，分子量为205.15。白色结晶粉末，易潮解。能溶于水，微溶于醇。亚硒酸钾为有毒品。在空气中加热，825℃转化成硒酸钾，875℃分解生成二氧化硒和氧化钾。本品不燃，火场分解排出有毒硒化物和氧化钾烟雾。亚硒酸钾由氢氧化钾和亚硒酸反应制取。也可将等物质的量的碳酸钾和亚硒酸溶液混合后煮沸除去二氧化碳，然后将其放在浓硫酸上于室温下进行蒸发浓缩，可以得到一水合物的结晶K$_2$SeO$_3$·H$_2$O。亚硒酸钾为分析试剂，可用于陶瓷业，也可作为饲料添加剂。

亚硒酸铅［lead（Ⅱ）selenite］。分子式为PbSeO$_3$，分子量为334.16。白色结晶体。熔点为675℃，熔化为黄色的液体，冷却固化为白色的不透明有结晶裂纹的块体。加热到红热时释放出二氧化硒，剩余物为碱式盐。不溶于水和乙醇，微溶于酸。可由硝酸铅或醋酸铅和硒化钾或硒化钠反应制取，用于分析化学中定量测定亚硒酸铅。不要让大量且未稀释的亚硒酸铅接触地下水、水道或者污水系统，以免对地下水造成危害。若无政府许可，勿将其排入周围环境。

2. 硒酸盐

硒酸盐是由硒酸根离子（SeO$_4^{2-}$）与其他金属离子组成的化合物，都是电解质，且多数溶于水，剧毒。常见化合物主要有硒酸钠与硒酸钾。

硒酸钠（sodium selenate）。分子式为Na$_2$SeO$_4$，分子量为188.94。白色结晶或粉末，耐碱、耐氧化，有潮解性，易溶于水，剧毒，LD$_{50}$（大鼠经口）为1.6mg/kg。主要用于除蚜虫、线虫、蝉虫，用作玻璃增光剂、脱色剂、抗腐蚀剂和化学分析试剂。对眼睛、皮肤和黏膜有刺激作用。吸入、摄入或经皮肤吸收后对身体有害，属剧毒物质。其溶液能灼伤皮肤，能经手指端的皮肤吸收而中毒，有致突变作用。

硒酸钾（potassium selenate）。分子式为K$_2$SeO$_4$，分子量为221.16。无色、无臭的斜方晶系结晶或白色粉末。溶于水，相对密度（水=1）为3.066（20℃）。900℃开始挥发，1000℃熔化但不发生分解。本品不燃，有毒，具刺激性。合成方法：将纯净的碳酸钾与等物质的量的二氧化硒混合均匀，在空气中慢慢加热混合物，使温度升高至875℃，反应所得产物即为硒酸钾。通过碳酸钾或氢氧化钾溶液与硒酸溶液发生复分解反应即可生成硒酸钾的溶液，蒸发浓缩所得的溶液即可获得硒酸钾的结晶。溶液能灼伤皮肤，受高热分解放出有毒的气体。中毒时可见上呼吸道和眼黏膜刺激症状、头痛、眩晕、恶心、呕吐、全身虚弱等。

3. 氢硒酸盐

硒化钠（sodium selenide）是一种无机化合物，由硒和钠组成，为一种氢硒酸盐，其化学式为 Na_2Se。有毒，制法同硫化钠，因为它们是同族化合物，具有类似性质，可由钠和硒在氨中或萘的存在下于四氢呋喃中反应即生成硒化钠。硒化钠晶体结构为反萤石型结构，和其他碱金属硒化物类似，每单位晶胞有 4 个单位。

硒化镉（cadmium selenide），分子式为 CdSe，分子量为 191.36。剧毒，是一种灰棕色或红色结晶体。由金属镉与硒化氢共热可制得硒化镉。也可通过高温，使金属镉与硒直接化合而得；也可将硒化氢气体通入氯化镉或硫酸镉溶液，使硒化镉沉淀析出，通过抽滤、洗涤、干燥，便可得硒化镉产品。用于电子发射器和光谱分析、光导体、半导体、光敏元件等。吸入或口服对身体有害。具有刺激性，接触可引起恶心、头痛和呕吐，还会造成损害肾和肺脏等慢性影响。

4. 亚硒酸

亚硒酸（selenious acid），化学式为 H_2SeO_3 或 $(HO)_2SeO$，分子量为 128.97。是硒的含氧酸的一种，其中硒的氧化态为 +4 价。无色或白色六方棱柱状结晶。剧毒，有潮解性。在 100℃ 时失去一分子水而生成二氧化硒。能升华。能被强氧化剂如臭氧、过氧化氢和氯气氧化成硒酸。能被多数还原剂如氢碘酸、亚硫酸、硫代硫酸钠、羟胺盐、肼盐、次磷酸、亚磷酸等还原成硒。易溶于水和乙醇，不溶于氨水。相对密度（d154）为 3.004。熔点为 70℃（分解）。有毒，半数致死量（小鼠，静脉）11mg/kg。晶体中稍许畸变的 SeO_3 基团，靠较强的氢键相互连接。用作分析试剂，可作为还原剂或氧化剂，还用于制备显色剂。亚硒酸、亚硒酸盐和酸酐可用作焦磷酸盐镀铜和氰化物镀银的光亮剂。与易燃品接触能引起灼烧。在干燥的空气中会发生风化成为 SeO_2。易溶于水，是一种中强酸，也是一种中强的氧化剂，易还原为 Se。亚硒酸可渗入皮肤使人中毒，口服呈剧毒。接触后呼吸有大蒜味、脸色灰白、紧张、消化不良。常见危害为刺激、灼烧皮肤。

5. 硒酸

硒酸（selenic acid），分子式为 H_2SeO_4，分子量为 144.97。白色六方柱晶体，根据价层电子对互斥理论的推测，中心的硒是四面体的，其中 Se—O 键长为 $161×10^{-12}$m。在固态，它为斜方晶系的晶体。极易吸潮。易溶于水，不溶于氨水，溶于硫酸，有氧化性。易被氢溴酸、氢碘酸还原成硒。有剧毒。与易燃品接触能引起燃烧。同硫酸一样对水有很强的亲和力，能使一些有机物碳化。硒酸是一种具有强氧化性的强酸，其浓溶液黏稠。已知硒酸有一水合物和二水合物。一水合物的熔点为 26℃，而二水合物的熔点为-51.7℃。硒酸的氧化性比硫酸强，能将氯离子氧化成氯气，而自身被还原成亚硒酸或二氧化硒。硒酸在 200℃以上分解，放出氧气，自身被还原成亚硒酸。硒酸可以和钡盐反应生成 $BaSeO_4$ 沉淀，沉淀和硫酸钡的性质类似。总体上说，硒酸盐和硫酸盐的性质相似，但是硒酸盐在水中的溶解性更好。许多硒酸盐有相同的、和硫酸盐一致的晶体结构。用氟磺酸处理硒酸得到硒酰氟（沸点-8.4℃）；热的浓硒酸可以溶解单质金，产生红黄色的硒酸金；同时也能溶解铜、银等单质，生成相应的硒酸盐。热硒酸与浓盐酸的混合液像王水一样，能溶解铂。可用作分析试剂，硒盐制备，也用于有机合成；硒酸及其盐用于镀微裂纹铬电解液中，亦可用作镀铑的添加剂；还可用作鉴别甲醇和乙醇的溶剂，以及硒酸盐制备。储存于阴凉、干燥、通风良好的库房。远离火种、热源。包装必须密封，切勿受潮。应与氧化剂、碱类分开存放，切忌混储。储存区应备有合适的材料收容泄漏物。

1.2.2　有机硒化合物

1. 硒代半胱氨酸

英文名：selenocysteine，化学式为 $C_3H_7NO_2Se$，分子量为 168.05。硒代半胱氨酸是一种氨基酸，存在于少数酶中，如谷胱甘肽过氧化物酶、Ⅰ型碘甲腺原氨酸 5′-脱碘酶、硫氧还蛋白还原酶、甲酸脱氢酶、甘氨酸还原酶和一些氢化酶等。表 1-1 为不同类型的含硒代半胱氨酸的蛋白分子。硒代半胱氨酸的结构和半胱氨酸类似，只是其中的硫原子被硒取代（图 1-1）。在遗传密码中，硒代半胱氨酸的编码是 UGA（即乳白密码子），通常用作终止密码子。但如果在 mRNA 中有一个硒代半胱氨酸插入序列（selenocysteine insertion sequence，SECIS），UGA 就用作硒代半胱氨酸的编码。SECIS 序列是由特定的核苷酸序列和碱基配对形成的二级结构决定的。在真细菌中，SECIS 直接跟在 UGA 密码子之后，和 UGA 在同一个阅读框里。而在古细菌和真核生物中，SECIS 在 mRNA 的 3′-不翻译区域（3′-UTR）中，可以引导多个 UGA 密码子编码硒代半胱氨酸残基。当细胞生长缺乏硒时，硒蛋白的翻译会在 UGA 密码子处中止，成为不完整而没有功能的蛋白。和细胞中的其他氨基酸一样，硒代半胱氨酸也有个特异的 tRNA。这个 tRNA，与其他标准的 tRNA 相比有一些不同之处，最明显的是具有一个包含 8 个碱基（细菌）或 9 个碱基（真核生物）的接收茎（stem）、一个长的可变臂，以及几个高度保守碱基的替换。tRNA 起初由丝氨酰-tRNA（Ser-tRNA）连接酶加载一个丝氨酸（Ser），但这个 Ser-tRNA 并不能用于翻译，因为它不能被通常的翻译因子识别（细菌中的

EF-Tu，真核生物中的 eEF-1α）。而这个丝胺酰可以被一个含有磷酸吡哆醛的硒代半胱氨酸合成酶替换成硒代半胱氨酰-tRNA（Sec-tRNA）。最后，这个 Sec-tRNA 特异性地和另外一个翻译延伸因子 SelB 或者 mSelB 结合，被输送到正在翻译硒蛋白 mRNA 的核糖体上[①]。

表 1-1　不同类型的含硒代半胱氨酸的蛋白分子

名称	实例简介
谷胱甘肽过氧化物酶（glutathione peroxidase）	包括 GPX1、GPX2、GPX3、GPX4 四种，有报道称 GSH-PX 分子含有四个分子量为 23000 的亚蛋白单元，每个单元结构中均以 SeCys 为活性中心。该酶广泛存在于动物体各种组织中，为抗氧化酶，可通过氧化-还原反应去除过氧化物、类脂及磷脂氢过氧化物，以保护细胞膜完整性，调节机体免疫再生功能，进一步保护易受氧化损伤的类脂、类脂蛋白、DNA 等生物分子
I 型碘甲腺原氨酸 5′-脱碘酶（type I iodothyronine 5′-deiodinase）	存在三种异构体，1T$_4$5D′是一种膜硒蛋白，其活性中心依赖于 SeCys 的存在，在其活性中心每一个分子含有一个硒原子。主要分布于甲状腺、肝、肾和脑垂体中。催化甲状腺激素 T$_4$ 向其活性形式 T$_3$ 转化，从而开辟硒的非抗氧化功能途径
线粒体囊硒蛋白（mitochondrial capsule selenoprotein）	存在于精子细胞的线粒体中，有报道称该蛋白分子中存在三个 SeCys 残基。其可防止精子细胞受到氧化损伤，以稳定精子细胞线粒体的外膜
硫氧还蛋白还原酶（thioredoxin reductase, TR）	可能存在三种异构体，以 SeCys 为活性中心的黄素蛋白。作为吡啶核苷酸-二硫化物氧化还原酶，可使体内抗氧化系统再生，并在细胞增殖过程中发挥作用。主要分布于肝、肾组织
硒蛋白-P（Se-P）	是近年来人们研究较多的一种血浆糖蛋白，其合成于肝脏，然后被分泌到血液中。cDNA 测序表明有 10 个 SeCys 残基，但由获得的分离分析后结果有 6.3 个 SeCys 残基。经 SDS-PAGE 分离分析后估计蛋白分子量大约在 60000。有报道称人体血浆中 50%的硒蛋白以硒蛋白-P 形式存在。其功能尚不明确，可能为硒的转运蛋白或氧化-还原酶。研究者根据一些事实提出了两种推测：一是 Se-P 的抗氧化作用；二是 Se-P 运输硒的功能
硒蛋白-W（Se-W）	曾有研究者在大鼠骨骼肌肉组织中分离纯化出该蛋白，为分子量在 10kDa[②]左右的小蛋白分子，其氨基酸的部分序列结构显示硒以硒代半胱氨基酸的形式进入蛋白分子结构中，生理功能尚不明确

2. 甲基硒代半胱氨酸

英文名：Se-methylselenocysteine，分子式为 $C_4H_9NO_2Se$ 或 $CH_3SeCH_2CH(NH_2)COOH$，分子量为 182.08。别名：L-硒-甲基硒代半胱氨酸（简称 L-SeMC），或甲基硒代半胱氨酸。外观为白色晶体粉末，具蒜样气味。本品溶于水，微溶于甲醇、乙醇，在丙酮、乙醚中不溶，有引湿性，易氧化，熔点为 167～170℃（分解）。是一种新型硒源类的食品营养强化剂，以 α-乙酰氨基丙烯酸甲酯和甲硒醇钠为主要原料，经加成、酶法拆分制得食品添加剂 L-硒-甲基硒代半胱氨酸。L-硒-甲基硒

---

① 本部分资料来源为百度百科。

② 1Da = 1.66054×10^{-27}kg。

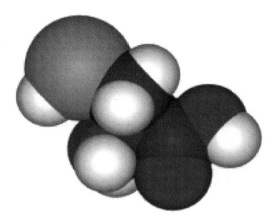

图 1-1　硒代半胱氨酸结构图

代半胱氨酸与其他硒源类的食品营养强化剂相比较，优点更明显。①L-硒-甲基硒代半胱氨酸与无机硒相比：有机硒毒性低。无机硒化物（亚硒酸盐）在低浓度时主要表现为细胞毒性作用（如细胞脱壁、细胞内空泡增多、细胞膜破裂、细胞坏死和急性溶解），并伴有 DNA 合成减少和阻断细胞周期于 S/G2～M 期。此外，还能引起 DNA 损伤和细胞死亡，在作用几小时内就可引起 DNA 单链的断裂。它引起细胞死亡的形式主要为坏死或急性溶解。而有机硒化合物如 P-XSC、甲基硒酸、硒蛋氨酸和 L-硒-甲基硒代半胱氨酸等作用方式则不同，它们在高浓度时对细胞形态的改变不大，对细胞生长有抑制作用但较温和，一般不引起 DNA 的断裂。②L-硒-甲基硒代半胱氨酸与其他有机硒相比：L-硒-甲基硒代半胱氨酸具有结构明确、含量稳定、人体内代谢机理清晰等优点。富硒酵母、硒蛋白、富硒食用菌粉等产品中硒的含量不是固定的，因为硒的有效补充剂量与中毒剂量比较接近，所以除了无毒的硒化卡拉胶之外，富硒酵母、硒蛋白、富硒食用菌粉的食用安全性存在一定的风险。③L-硒-甲基硒代半胱氨酸与L-硒代蛋氨酸相比：L-硒-甲基硒代半胱氨酸与 L-硒代蛋氨酸是自然界仅有的两种含硒氨基酸，同时被称为第三代补硒品种。研究表明，L-硒-甲基硒代半胱氨酸是通过 β-分解酶的降解直接转变成甲基硒化物，而不像 L-硒代蛋氨酸不能非特异性地掺入蛋白。由于蛋氨酸-tRNA 不能区分蛋氨酸和 L-硒代蛋氨酸，当蛋氨酸摄入量被限制时，大比例的 L-硒代蛋氨酸代替蛋氨酸被非特异性地掺入动物体内蛋白中。与其他形式的硒相比，如果以 L-硒代蛋氨酸的方式作为动物食物中硒的主要来源，将导致硒在组织大量蓄积而容易产生硒中毒，因此，L-硒-甲基硒代半胱氨酸与 L-硒代蛋氨酸相比具有较高的食用安全性。L-硒-甲基硒代半胱氨酸可以作为食品添加剂（食品营养强化剂）进行食品营养强化。一是用于普通食品中，可以添加到乳制品、谷类及其制品、饮液及乳饮料、食盐、饼干、花茶等食品中，制成营养强化食品；二是用于保健食品中，把 L-硒-甲基硒代半胱氨酸作为硒元素的膳食补充剂使用。

3. 含硒蛋白质

含硒蛋白质（selenium-containing protein）是指硒非特异性地取代氨基酸中的硫，进一步合成的蛋白质，常见于植物、藻类。硒蛋白（selenoprotein）是指通过 UGA 编码合成硒代半胱氨酸，进一步合成的蛋白质，常见于人体、动物、微生物中，目前人体中发现了 25 种硒蛋白。

4. 硒代蛋氨酸

英文名：selenomethionine，分子式为 $C_5H_{11}NO_2Se$，结构式见图 1-2，分子量为 196.11。别名：甲硒丁氨酸、DL-硒代蛋氨酸、DL-硒代甲硫氨酸、硒基-DL-甲硫氨酸。有毒，白色至类白色粉末，溶于水和甲醇。旋光度为 +17.0°～+19.5°，熔点为 267～269℃。储存条件为−20℃。主要功能是增加机体抗氧化能力，提高免疫力，增强精子活力，防癌抗癌，排出体内毒素（如重金属）等。但是过量有累积作用的危险，尤其对水生生物极毒，可能导致对水生环境的长期不良影响。

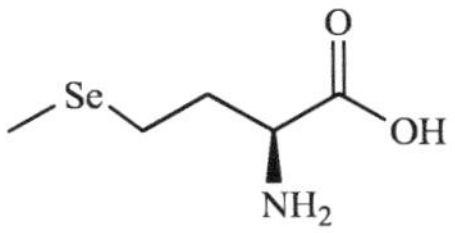

图 1-2　硒代蛋氨酸化学结构式

主要的含硒蛋白根据硒在蛋白质中的存在形式，可分为以下四类。

（1）含硒代半胱氨酸的蛋白质：是指那些在基因密码子 UGA 的编码下，硒以硒代半胱氨酸的形式特异性地进入蛋白质结构的那些蛋白。这类蛋白质是哺乳动物体内最重要的含硒蛋白质，动物体内约有 80% 的硒以这种形式存在。

（2）含硒代蛋氨酸的蛋白：这类蛋白质主要存在于微生物和植物中，如微生物中的硫解酶、半乳糖苷酶、羟丁基 CoA 脱氢酶、谷氨酰胺合成酶等。

（3）键合硒蛋白：在这类蛋白中，硒非特异性地与蛋白质结合。在普通的蛋白质分离过程中，硒不能从蛋白中去除，但硒并不存在于蛋白质的多肽链中。

（4）其他含硒蛋白：除了上述含硒蛋白外，人们从植物中已鉴定出多种含硒的氨基酸衍生物，它们同植物蛋白质的结合形式有待进一步研究。

5. 硒脲

英文名：selenourea，分子式为 CH_4N_2Se，分子量为 123.02。白色或微带红色针状晶体，溶于水，微溶于乙醇。熔点 200℃（分解）。有毒，遇光和空气分解。受热分解出有毒的氮氧化物、硒化物气体。主要用于电子工业。可由硒化氢与氨基氰作用而制得。消灭由硒脲燃烧引起的火灾可用的灭火剂有砂土、水、泡沫。

6. 二甲基硒

英文名：dimethylselenium，别名：甲硒醚、二甲硒、二甲基硒醚，分子式为 C_2H_6Se，分子量为 109.03。无色至浅黄色液体，有大蒜气味，沸点 56～58℃，熔点 54～55℃，20℃时，密度为 1.408g/mL。易燃，其蒸气与空气混合，能形成爆炸性混合物。二甲基硒氧化生成二甲基硒酮。二甲基硒对呼吸道有刺激性。给大鼠和小鼠腹腔注射接近 LD_{50} 的剂量后，1～2min 动物呼吸加速，呼出气有大蒜气味。小鼠惊厥，可在几小时内死亡。由元素硒和氢氧化钠、水合肼、氯甲烷和四乙基氧化胺等反应制取。用作合成试剂、催化剂和甲基化试剂。

7. 二甲基二硒醚

英文名：dimethyldiselenide，别名：二甲二硒醚，是一种有机化合物，分子式为 $C_2H_6Se_2$。分子量为 187.99。有毒，是有累积效应的危险品，对水生生物有极高毒性，可能对水体环境产生长期不良影响。

8. 甲基源硒

甲基源硒属于近些年新发现的生物硒形态，在机体内有独特的代谢特点：①主要功能活性形式是 β-水解酶生产的甲基硒代谢中间体。②次要活性形式是硒蛋白，在体内插入硒蛋白的代谢步骤少。植物甲基源硒与传统硒的不同在于，目前发现的传统硒的功能活性形态只有硒蛋白，而植物甲基源硒不仅可以以硒蛋白方式发挥作用，更重要的是以甲基硒代谢中间体发挥作用，甲基硒代谢中间体才是其关键功能活性形态。机体内植物甲基源硒比其他形态硒插入硒蛋白的代谢步骤简单，摄入体内能够更快进入硒蛋白发挥功能活性。

1.2.3 纳米硒

从化学上来讲，纳米硒是一种还原硒，相当于一种零价硒。零价硒没有任何生理学功能，进入人的身体之后不会被吸收和利用，会原封不动地排出。但是，纳米硒是一种利用纳米技术制备而成的新型研制品，不仅能够被人体吸收和利用，还能发挥有机硒、无机硒特有的功能，如抗氧化、免疫调节等。最重要的是，它具有无机硒、有机硒所不具有的低毒性，是比较安全的硒制品，也是纳米科技带来的产物。纳米硒在世界上是独一无二的。

综上可见，硒化合物一般可分为无机硒化合物和有机硒化合物两大类，其中主要的硒形态有 9 种，见表 1-2。

表 1-2 9 种主要硒形态的名称及结构式

中文名称	英文名称	简称	分子式	分子量
四价无机硒（亚硒酸钾）	potassium selenite	Se（IV）	K_2SeO_3	205.15
六价无机硒（硒酸钾）	potassium selenate	Se（VI）	K_2SeO_4	221.16
硒代半胱氨酸	selenocysteine	SeCys	$HSeCH_2CH（NH_2）COOH$	168.05
硒代胱氨酸	selenocystine	SeCys$_2$	$C_6H_{12}N_2O_4Se_2$	334.09
甲基硒代半胱氨酸	Se-methylselenocysteine	SeMeCys	$C_4H_9NO_2Se$	182.08
硒代蛋氨酸	selenomethionine	SeMet	$CH_3SeCH_2CH_2CH（NH_2）COOH$	196.11
硒脲	selenourea	SeUr	$Se=C(NH_2)_2$	123.02
二甲基硒	dimethylselenium	DMSe	CH_3SeCH_3	109.03
三甲基硒	threemethylselenium	TMSe	$(CH_3)_3Se$	124.06

第2章 采样方法与实验室管理

2.1 水体样品的采集与制备[①]

1. 样品的采集

按照《地表水和污水监测技术规范》（HJ/T 91—2002）的相关规定采集样品。样品瓶为玻璃或聚乙烯瓶，使用前需用硝酸荡洗，并依次用自来水和实验用水冲洗干净。每批次样品应至少带一个全程序空白（以同批次实验用水代替样品）。

2. 样品的保存

采样后，若不能及时测定，应按比例（1000mL 样品加入 10mL 硝酸）加入硝酸，于 4℃以下冷藏保存，14d 内完成分析测定。

3. 试样的制备

移取 200mL 混匀后的样品至 250mL 锥形瓶中（可根据样品中总硒含量适量少取，加水稀释至 200mL），于电热板上加热浓缩至 15mL 时（设置温度为 130～150℃），取下稍冷，加入 5mL 硝酸-高氯酸溶液，继续于电热板上消解（设置温度为 180～210℃），至瓶内充满浓白烟后，继续加热至白烟逐渐消失，取下稍冷，加入 2.5mL 盐酸溶液，继续于电热板上加热（设置温度为 180～210℃），至白烟冒尽，取下冷却，加入 5mL 盐酸羟胺溶液，待测。需特别注意的是，在溶液加热浓缩过程中，严禁蒸干。

4. 实验室空白试样的制备

用同批次实验用水代替样品，按照与试样的制备相同步骤制备实验室空白试样。

5. 全程序空白试样的制备

将同批次准备好的样品瓶带至采样现场，用同批次实验用水装入样品瓶，按照与样品的保存和试样的制备相同步骤制备全程序空白试样。

[①] 本部分参考《水质 总硒的测定 3,3′-二氨基联苯胺分光光度法》（HJ 811—2016）。

2.2　土壤样品的采集与制备

2.2.1　土壤采样方法

1. 采样单元的划分及采样点的确定

土壤因成土母质、土壤类型、地形、种植作物等的不同而有差异。在采集土样时，根据土壤的差异情况，将土壤划分成若干采样区，称为采样单元。不同的土壤类型必须划成不同的采样单元，每一个采样单元的土壤尽可能保证均匀一致。从大的区域而言，每个采样单元可代表的面积，一般平原 $13.3 \sim 33.3 hm^2$，丘陵 $6.7 \sim 13.3 hm^2$，山区 $3.3 \sim 6.7 hm^2$。对于一个行政村而言，如果成土母质或土壤类型一致，则按土壤利用方式划分为水田、旱地、果园、茶园等 4 种类型，并分别按生产力水平或产量高低划成一、二、三级的小单元。或按地形和种植情况做出土壤取样划分图，每个图块代表 1 个小单元。每个小单元的面积一般为 $3.3 hm^2$ 左右。

在采样前进行必要的现场勘查，根据采样点的土壤特征、地形图等将采样现场划分为若干个采样单元，尽可能让同一单元内土壤均匀，并以采样单元为单位进行采样，可以大幅度减小采样误差。

尽可能准备足够多的采样点，扩大采样范围，使之能够充分反映土壤特征，有效提升分析精度与准确性。通常情况下，以各处理的小区为一个采样区，生产地一般以 $0.67 \sim 1.33 hm^2$ 为一个采样区，大面积耕地肥力调查一般以 $6.67 \sim 66.70 hm^2$ 为一个采样区，每个采样区的采样点数量要根据采样区的实际大小而定，一般以 $5 \sim 20$ 个采样点为宜。

2. 采样物资准备

采样前需提前准备好采样工具，主要所需的物资清单见表 2-1。

表 2-1　土壤样品采集所需物资清单

分类	物资
工具类	不锈钢锹、不锈钢土钻、竹铲、木铲或塑料铲
器材类	数码相机、GPS、卷尺、手提秤、样品袋、运输箱等
文具类	记录表、标签纸、马克笔、资料袋等

分类	物资
防护类	雨具、工作服、防晒服、防晒帽、常用药品
运输类	采样用车辆和车载冷藏箱

3. 土壤样品采集

由于土壤在空间和时间方面存在一定的差异，为了确保土壤的代表性，一定要保证方案的可行性。应建立一支专业化的采样队伍，把采样的具体任务进行分配，确保责任到人，对采样的过程进行质量把控。在采样前做好相应的调研工作，对采样土壤样本的总数进行确定，细化采样方案，做好点位布控工作，均匀分布点位，避免产生点位过分集中的情况。在出发前一定要检查所需物资是否齐全，对相关采样人员进行培训，掌握采样过程中的操作技术。

到达采样区域之后，需要依照采样点的位置将队伍进行分组，每个小组负责对自己的采样区域进行操作，规划合理的采样路线，对采样点数进行合理安排，并且调整到相应的位置地区，做好详细记录。采样人员到达选取的采样区域后，首先观察采样区是否具有代表性，在可选取范围内择优选取采样点，偏移距离不宜超过 50m。在低洼积水地、陡坡地、住宅、沟渠、道路等附近不宜设置采样点。

首先，应确定所要采集样品地块的面积，以此来确定采样点和采集路线。一般 $0.3hm^2$ 以下的取 $9\sim11$ 点，面积大于 $0.3hm^2$ 时，每增加 $667m^2$ 增加采样点 $1\sim2$ 个。采集路线即采样点的分布要尽量做到均匀和随机，每个点位采样量保持一致，采集混合样品，采样方法如图 2-1 所示。

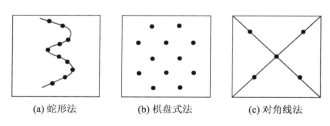

(a) 蛇形法　　　　　(b) 棋盘式法　　　　　(c) 对角线法

图 2-1　土壤样品采集方法

其次，采样人员需详细记录土壤样品信息，填写土壤样品标签（表 2-2），每份样品 2 个标签，详细记录采样位置信息，应用 GPS 定位，记录经纬度，标注采样日期，签字确认后留存，拍摄采样数码相片，相关数据及时提交至信息管理系统。

表 2-2　土壤样品标签

样品编号：	
采样地点：　　省　　市　　县（区）　　乡（镇）　　村	
经纬度（°）：东经：　　　　北纬：	
土壤类型：	
采样人员：	采样日期： 　　年　　月　　日

　　土壤采集深度需保持一致，规范化采样，可先将表层干扰物或污染物去除，再用铲子铲出一个断面后取样，混合土壤不宜过多，以 1kg 为宜，过多时可将样品充分混合后，取用所需的样品量即可。

　　土壤样品均单独装入塑料袋中，于塑料袋外粘贴土壤样品标签，再将装有土壤样品的塑料袋装入编织袋中，在封口处粘贴另外 1 个标签。采集人员在采集现场要对土壤样品、样品袋、样品标签以及采样记录等进行自查，若发现采样信息混乱错误、样品袋及容器破损，需及时采取补救措施。

2.2.2　土壤制样

1. 工具准备

　　样品干燥箱、电子天平、木槌、木铲、硬质木板、有机玻璃板、磨细样工具（瓷研钵、玛瑙研钵、玛瑙球磨机）、筛子（采用尼龙筛，规格为 0.075～2mm 筛）、样品袋、样品盒等。

2. 样品制备

1）干燥处理

　　将采集的土壤样品中掺杂的石块、碎瓦砾、动植物残体等挑除后，放置于盛样的托盘或器皿中，均匀摊开，置于风干室，期间经常翻动。当土壤样品处于半干状态时，用木槌将土样碾碎，置于阴凉地自然风干。若受天气等不可控因素影响，也可以将土壤样品放入干燥箱中进行烘干，温度控制在 30～40℃。

2）样品研磨

　　在磨土室将干燥的土壤样品置于硬质木板上，用木槌将土壤样品碾碎，去除植物根须及其他杂质。将所有样品都锤成粉末状，过 2mm 孔径尼龙筛，去掉 2mm 以上的砂砾，而未过筛的较大土壤颗粒需反复研磨并过筛，直到全部通过，样品过筛后要充分混匀。

　　根据测定项目的不同，土壤样品可能需要进一步研磨，可以用玛瑙球磨机或者人工研磨直到土壤样品全部通过所需孔径（0.15mm，100目）尼龙网，采用四分法弃取，保留足够土壤样品、称量、装袋备用，做好标记。

　　3）样品混匀

　　制得的样品需要混合均匀，样品才具有代表性。过筛的样品置于有机玻璃板或聚乙烯薄膜上，充分搅拌混匀。一般可采用以下三种方法（图2-2）进行混匀。

　　（1）堆锥法：将土样缓慢地从顶端倾倒，形成一个圆锥体，需重复10次以上。

　　（2）提拉法：轮流提拉方型聚乙烯薄膜的对角，需重复10次以上。

　　（3）翻拌法：用铲子对土样进行对角翻拌，重复10次以上。

　　根据实际情况可同时采用不同方法进行混匀，样品充分混匀后才可进行分装，以保证土样具有代表性。

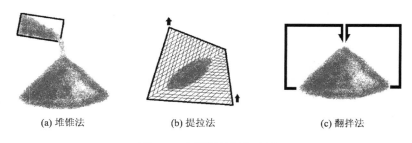

(a) 堆锥法　　　　　　　(b) 提拉法　　　　　　　(c) 翻拌法

图 2-2　土壤样品混匀方法

　　4）注意事项

　　（1）必须保证样品各个过程中编码一致，避免弄混样品；

　　（2）制样时，每个样品处理好之后都要清理干净工具，防止交叉污染；

　　（3）注意定期检查样品标签，防止样品标签模糊不清及丢失；

　　（4）确保充分混匀样品，保证样品的代表性。

　　以上土壤样品制备过程如图2-3所示。

2.2.3　土壤储存

　　土壤采集小组每天采样结束返回实验室后，要及时进行样品核对及整理，并且填写好样品清单，及时与样品管理人员进行交接。土壤样品交接双方需要仔细确认样品数量、重量、记录表等资料，并分别在交接表上签名；若有编号模糊不清、重量不足及丢失样品的，一律要进行二次采集。土壤样品交接记录表（表2-3）需要作为原始资料妥善保存。

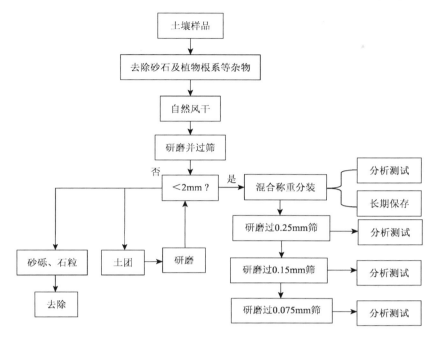

图 2-3　土壤样品制备过程图

表 2-3　土壤样品交接记录表

样品编号	检测项目	样品重量是否符合要求	样品袋（盒）是否完好	标签是否清晰完整	样品数量	保存方法
1						
2						
⋮						
n						

送样人：　　年　　月　　日	接样人：　　年　　月　　日	交接日期　　年　　月　　日

注：检测项目：根据样品所需检测指标填写，一般为硒含量或硒形态。

样品重量是否符合要求：土壤表层样品一般要求 1.5kg，深层样品一般要求 1kg，平行样品要求 2.5kg。符合要求填"是"，否则填"否"。

样品数量：填写所取土壤样品总量，包括平行样品。

保存方法：填写保存样品方式，常温、低温或避光等。

送样人：由采样负责人或日常取样人签字。

接样人：由样品流转及制备单位接样负责人或日常接样人签字。

交接日期：填写接样人完成接收样品的日期。

　　土壤样品管理人员需将接收的样品按照样点分类，将样品有序整齐摆放，方便日后送样检测。样品保管和储存时需排列整齐，不可堆叠。针对特殊检测样品需配备冷藏设备（常规冰箱或超低温冰箱）进行临时储存。为了确保土壤样品不受任何不可控因素影响，样品采集人员不宜进行样品处理环节，应统一交于样品流转和制备单位对样品进行制备。遇到土壤样品含水量很大时，为了避免样品霉变腐烂，应将该类样品单独置于干燥室，将样品袋打开，阴干样品，并做好标记及记录日期，如条件允许则建议重新采集样品。

2.3　岩石样品的采集与制备

2.3.1　样品的采集

岩石样品采于山体表面较为干净的岩层表面，采 5 个子样混合为 1 个样品，每个样品约 100g，装于样品袋并编号。

2.3.2　样品的制备

样品运回实验室之后进行样品粉碎处理，破碎、过 200 目筛后装入自封袋等待进一步的处理。

2.4　煤样品的采集与制备

2.4.1　样品的采集

试验煤样按《煤炭机械化采样　第 1 部分：采样方法》（GB/T 19494.1—2004）或《煤样的制备方法》（GB 474—2008）采集。

2.4.2　样品的制备

按《煤炭机械化采样　第 2 部分：煤样的制备》（GB/T 19494.2—2004）或《商品煤样人工采取方法》（GB 475—2008）制备成所需试验煤样。

2.4.3　样品的保存

一般分析试验煤样应在达到空气干燥状态后装入严密的容器中。

2.5 肥料样品的采集与制备

2.5.1 样品的采集

四分法缩分：用铲子或油灰刀将肥料在清洁、干燥、光滑的表面上堆成一圆锥形，压平锥顶，沿互成直角的二直径方向将肥料样品分成四等份，移去并弃去对角部分，将留下部分混匀。重复操作直至获得所需的样品量（约 1000g）。将缩分后混合均匀的样品装入两个密封容器中密封，贴上标签并标明样品名称、取样日期、取样人姓名、单位名称或编号。一瓶用于产品质量分析，一瓶保存两个月，以备查用[①]。

2.5.2 试样的制备

固体样品经多次缩分后，取出约 100g，将其迅速研磨至全部通过 0.50mm 孔径筛（如样品潮湿，可通过 1.00mm 筛子），混合均匀，置于洁净、干燥的容器中；液体样品经多次摇动后，迅速取出约 100mL，置于洁净、干燥的容器中。

试样溶液的制备：不同检测方法试验溶液的制备方法不同，依据《水溶肥料钠、硒、硅含量的测定》（NY/T 1972—2010）进行制备。

2.6 气体样品的采集与制备

2.6.1 样品的采集

（1）将微孔滤膜（孔径 0.8μm）安装在大气主动采样装置上（空气采样器，流量范围为 0～2.0L/min 和 0～10.0L/min）。

（2）短时间采样：在采样点，用装好微孔滤膜的大采样夹（滤料直径为 37mm 或 40mm），以 3.0L/min 流量采集 15min 空气样品。

（3）长时间采样：在采样点，用装好微孔滤膜小采样夹（滤料直径为 25mm），以 1.0L/min 流量采集 2～8h 空气样品。

2.6.2 样品的保存

（1）采样后，打开采样夹，取出滤膜，接尘面朝里对折两次，放入清洁的塑

---

① 详见《复混肥料 实验室样品制备》（GB/T 8571—2008）。

料袋或纸袋中，置清洁容器内运输和保存。样品在室温下可长期保存。

（2）样品空白：在采样点，打开装好微孔滤膜的采样夹，立即取出滤膜，放入清洁的塑料袋或纸袋中，然后与样品一起运输、保存和测定。每批次样品不少于 2 个样品空白。

2.7　植物样品的采集与制备

植物样品的采集与制备方法参考文献（鲍士旦，2000）进行。

2.7.1　植物采样方法

植物样品的采集首先是选定有代表性的植株。如同土壤样本的采集方法，在田间按照一定路线多点采取，组成平均样品。样株数目应视作物种类、株间变异程度、种植密度、株型大小或生育期以及所要求的准确度而定，一般为 10～50株。从大田或试验区选择样株时要注意群体密度、植株长相、长势、生育期一致。过大、过小和遭受病虫害或机械损伤以及田边、路旁的植株都不应采集。如果为了某一特定目的，如营养诊断采样时，则应注意样株的典型性，同时要在附近地块另行选取有对比意义的正常典型样株，使分析结果能通过比较说明问题。用于营养诊断测定的样品采集还要特别注意植株的采集部位和组织器官及采样时间。

采集的植株如需要分不同器官（如叶片、叶鞘、叶柄、茎、果实等部位）测定，需要立即将其剪开，以免养分运转。剪碎的样品太多时，可在混匀后采用四分法缩分至所需要的量。用于营养诊断分析的样品还应立即称量鲜重。

采集的植株样品是否需要洗涤应视样品的清洁程度和分析要求而定。一般微量元素的分析和肉眼明显看得见或明知受到施肥、喷药污染的样品需要洗涤。植物样品应在刚采集的新鲜状态冲洗，否则一些易溶性养分（如可溶性糖、钾、硝酸根离子等）很容易从已死亡的组织中洗出。一般可以用湿棉布（必要时可沾一些很稀的，如 1mg/L 的有机洗涤剂）擦净表面污染物，然后用蒸馏水或去离子水淋洗 1～2 次即可。

2.7.2　植物样品制备

不容易起变化的组分如 Se、Cd、Ca 等元素成分，经过烘干在植株体内的含量也不会发生变化。容易起变化的成分如酶，经过烘干就会失去活性，只能用鲜样检测。一般测定不容易起变化的成分用干燥样品较方便。新鲜样品应该立即干燥，减少体内因呼吸作用和霉菌活动引起的生物和化学变化。植物样品的干燥通常分两步：先将鲜样在 80～90℃烘箱中鼓风烘 15～30min（松软组织烘 15min，致密坚实的组织烘 30min）；然后降温至 60～70℃，直至烘干。

　　干燥样品可用研钵或带柄刀片（用于茎叶样品）或齿状（用于种子样品）的磨碎机粉碎，并过筛。分析样品的细度应视称量的多少而定，通常可过圆孔直径 0.5～1mm 筛，称量少于 1g 的样品最好过 0.25mm 甚至 0.1mm 筛。样品在粉碎和储藏过程中，又会吸收空气中的水分。所以，在精密分析称样前，还须将粉碎的样品在 65℃（12～24h）或 90℃（2h）再次烘干，一般常规分析则不必。称样时应充分混匀后多点采取，这在称样量少而样品较粗时更应该特别注意。

　　用于微量元素分析的样本采集与制备应该要特别注意其可能引起的污染。例如，在干燥箱中烘干时，应该防止金属粉末的污染。用于样品采集和粉碎样品的研磨设备应该采用不锈钢器具和塑料网筛。例如，要准确分析铁元素，最好在玛瑙研体上研磨。

2.7.3　植物样品储存

　　样品过筛后须充分混匀，保存于磨口的广口瓶中，内外各贴放一样品标签。样品瓶应置于洁净、干燥处。若样品可能需要保存很长时间，样品应该先进行灭菌处理（如用 γ 射线），然后置于聚乙烯塑料瓶或袋中封口保存。

2.8　食用菌样品的采集与制备

2.8.1　食用菌采样方法

　　采取食用菌类样品时取整个子实体至少 12 个个体，不少于 1kg。

2.8.2　食用菌样品制备

　　样品在 50～60℃条件下烘干，研磨备用。

2.8.3　食用菌样品储存

　　样品过筛后须充分混匀，保存于磨口的广口瓶中，内外各贴放一样品标签。样品瓶应置于洁净、干燥处。

2.9　藻类样品的采集与制备

2.9.1　藻类采样方法

　　藻类：取适量藻液，离心 10min（4000r/min），弃去上清液，加适量蒸馏水再离心，重复两次。

　　海带紫菜类：用蒸馏水洗净并切成5～7mm的颗粒，在日光下晒干，用 0.2mol/L CaCl$_2$ 溶液浸泡，缓慢振荡 24h，用 0.1mol/L 盐酸或 0.1mol/L 氢氧化钠调节 pH 保持在 5.0，用去离子水冲洗几次，置于 45℃ 电热恒温干燥箱中烘干 24h。

　　根据水产标准《水产品抽样方法》（SC/T 3016—2004）的规定，藻类的样本量应不少于 500g。

2.9.2　藻类样品制备

　　取适量烘干藻类样品磨成粉样。

2.9.3　藻类样品储存

　　常温存放于干燥器中。

2.10　微生物样品的采集与制备

2.10.1　微生物样品采样方法

　　采样是指在一定质量或数量的产品中，取一个或多个代表性样品，用于感官、微生物和理化检验的全过程。首先，在采样之前应确认货、证是否相符。其次，采样工具要达到无菌的要求，对采样工具和一些试剂材料应提前准备、灭菌。如果使用不合适的采样工具，可能会破坏样品的完整性，甚至使样品采集毫无意义。应根据不同的样品特征和取样环境，对采样物品和试剂进行事先准备和灭菌等操作。另外要保证样品能够代表整批产品，其检测结果应具有统计学有效性，样品到达实验室时的状况应能反映出采样时产品的真实情况。采样时应根据不同的产品类型、产品状态等选择不同的采样方法和标准。

2.10.2　微生物样品制备与储存

实验室接到样品后应在 36h 内进行检测（贝类样品通常要在 6h 内检测），对不能立即进行检测的样品，要采取适当的方式保存，使样品在检测之前维持采样时的状态，即样品的检测结果能够代表整个产品。实验室应有足够和适当的样品保存设施（如冰箱、冰柜等）。保存的样品应进行必要和清晰的标记，内容包括：样品名称，样品描述，样品批号，企业名称、地址，采样人，采样时间，采样地点，采样温度（必要时），测试目的等；样品在保存过程中应保持密封性，防止引起样品 pH 的变化。不同类型的样品，保存方法不同。

1）易腐样品

要用保温箱或采取必要的措施使样品处于低温状态（0～4℃），应在采样后尽快送至实验室，并保证样品送至实验室时不变质。易腐的非冷冻食品检测前不应冷冻保存（除非不能及时检测）。如需要短时间保存，应在 0～4℃冷藏保存，但应尽快检验（一般不应超过 36h），保存时间过长会造成样品中嗜冷细菌的生长和嗜中温细菌的死亡。

2）冷冻样品

要用保温箱或采取必要的措施使样品处于冷冻状态，送至实验室前样品不能融解、变质。冰冻样品要密闭后置于冷冻冰箱（通常为−18℃），检测前要始终保持冷冻状态，防止样品暴露在二氧化碳中。

3）其他样品

应用塑料袋或类似的材料密封保存，注意不能使其吸潮或水分散失，并要保证从采样到实验室进行检验的过程中其品质不变。必要时可使用冷藏设备。

2.11　动物组织样品的采集与制备

动物组织样品的采集与制备主要参考文献（戴五洲等，2018；张磊，2014；王永侠，2011；李晓丽，2017；史孟娟，2017）中的方法进行。

2.11.1　动物组织采样方法

获取动物组织样品前要先处死，有切断颈动脉放血法（大型哺乳动物、禽类等）、颈椎脱臼法（实验动物小鼠等）等。大型哺乳动物如山羊、猪等，处死前禁食不禁水 24h，处死后立即采取血液和心脏、肝脏、肌肉等脏器组织；家禽类如鸡、鸭，处死前禁食不禁水 12h，取血后屠宰并采集脏器、肌肉等组织；水产动物如鱼、虾等，利用冰水混合物将其快速杀死并解剖。所有实验动物在处死前均编号并称重。

2.11.2　动物组织样品制备

脏器组织样品采集后，立即浸入液氮中，然后移至-80℃冰箱储存待测。

2.11.3　动物组织样品储存

置于-80℃冰箱储存。

2.12　动物血样样品的采集与制备

动物血液的采样方法、样品制备与储存参考文献（秦川，2007；徐国景，2008）中的方法进行。

2.12.1　动物血液采样方法

实验室动物（以实验鼠为例）常用血液采样方法有以下几种。

1. 鼠尾采血方法

将实验鼠固定，鼠尾浸入 40～50℃的温水中，待静脉充血后擦干皮肤，用酒精消毒，剪去 0.2～0.3cm 的鼠尾，拭去第一滴血，吸取一定量尾血，然后用棉球止血。

2. 眼眶取血法

首先用乙醚将实验鼠浅麻醉，采血者的左手拇、食指从背部较紧地握住实验鼠的颈部，防止实验鼠窒息。取血时，左手拇指及食指轻轻压迫实验鼠的颈部两侧，使眶后静脉丛充血。右手持 7 号针头的 1mL 注射器或长颈（3～4cm）硬质玻璃滴管（毛细管内径 0.5～1.0mm），使采血器与鼠面成 45℃的夹角，由眼内角刺入，针头斜面先向眼球，刺入后再转 180℃使斜面对着眼眶后界，小鼠刺入深度 2～3mm、大鼠刺入深度 4～5mm。当感到有阻力时即停止进针，再将针后退 0.1～0.5mm，边退边抽。若穿刺适当，血液能自然流入毛细管中。当得到所需的血量后，即除去加于颈部的压力，同时将采血器拔出，用消毒纱布压迫眼球 30s，以防止术后穿刺孔出血。

3. 心脏采血

操作时，将实验鼠仰卧固定于鼠板上，剪去胸前区的皮毛，用碘酒、乙醇消毒皮肤。在左侧第 3~4 肋间，用左手食指摸到心搏处，右手持带有 4~5 号针头的注射器，选择心搏最强处穿刺。心脏采血注意要点：①要迅速直接插入心脏，否则心脏将从针尖移开；②如第一次没刺准，将针头抽出重刺，不要在心脏周围乱探，以免损伤心、肺；③要缓慢而稳定地抽吸，否则太多的真空会使心脏塌陷。

4. 颈动静脉采血

先将实验鼠仰位固定，切开颈部皮肤，分离皮下结缔组织，使颈静脉充分暴露，用动脉夹夹住近心端，针尖斜面向上朝远心端刺入静脉，缓慢抽吸。在气管两侧分离出颈动脉，远心端结扎，将针头朝近心端刺入，动脉血压力大，无须或只需要轻轻抽吸。

5. 腹主动脉采血

先用乙醚将实验鼠麻醉，仰卧固定在手术架上，从腹正中线皮肤切开腹腔，将肠管向左或向右推向一侧，使腹主动脉清楚暴露。在腹主动脉远心端结扎，再用动脉夹夹住近心端，然后在其间平行刺入，松开动脉夹，立即采血。

6. 股动（静）脉采血

先由助手握住实验鼠，采血者左手拉直动物下肢，使静脉充盈。或者以搏动为指标，右手用注射器刺入血管。

其他动物采血在屠宰时进行。

2.12.2　动物血液样品制备

采血后，按需求保存在相应的试管中，若需全血检测则保存在抗凝管中，分离血清保存在促凝管内，静置待血清析出，3000r/min 离心 15min，离心出的血清置于 Eppendorf 管。

2.12.3　动物血液样品储存

动物血液样品–20℃冰箱储存待测。

2.13　动物毛发样品的采集与制备

动物毛发样品的采集、制备与储存方法主要参考文献（张生福等，1993；魏韬等，2011；刘增林等，1996）。

2.13.1　动物毛发采样方法

根据实验动物的种类选取部位剪取适当长度的毛发，编号并分类。

2.13.2　动物毛发样品制备

采集的毛发用温和的非离子型去污剂洗涤剂（如洗衣粉）揉洗，用自来水冲洗数遍，再用去离子水和蒸馏水冲洗，包裹在洁净牛皮纸中烘干待测，也可用丙酮进行干燥。

2.13.3　动物毛发样品储存

放入-80℃冰箱保存。

2.14　动物尿液样品的采集与制备

动物尿液样品的采样方法、样品制备与储存主要参考文献（秦川，2007；徐国景，2008）中的方法进行。

2.14.1　动物尿液采样方法

实验动物尿液常用代谢笼采集，也可以用其他装置采集。

1. 用代谢笼采集尿液

代谢笼用于收集实验动物自然排出的尿液，是一种为采集实验动物各种排泄物特别设计的密封式饲养笼，有的代谢笼除可收集尿液外，还可收集粪便和动物呼出的二氧化碳。一般简单的代谢笼主要用来收集尿液，凡在代谢笼内饲养的实验动物，可通过其特殊装置收集尿液。

2. 导尿法收集尿液

施行导尿术，较适宜于犬、猴等大动物。一般不需要麻醉，导尿时将实验动物仰卧固定，用甘油润滑导尿管。对于雄性动物，操作员用一只手握住阴茎，另一只手将阴茎包皮向下，暴露龟头，使尿道口张开，将导尿管缓慢插入，导尿管推进到尿道膜部时有抵抗感，此时注意动作轻柔，继续向膀胱推进导尿管，即有尿液流出。雌性动物尿道外口在阴道前庭，导尿时于阴道前庭腹侧将导尿管插入阴道外口，其后操作同雄性动物导尿法。

用导尿法导尿可采集到没有污染的尿液。如果严格执行无菌操作，可收集到无菌尿液。

3. 输尿管插管采集尿液

一般用于要求精确计量单位时间内实验动物排尿量的实验。剖腹后，将膀胱牵拉至腹腔外，暴露膀胱底两侧的输尿管。在两侧输尿管近膀胱处用线分别结扎，于输尿管结扎处上方剪一小口，向肾脏方向分别插入充满生理盐水的插管，用线结扎固定插管，即可见尿液从插管滴出，可以收集。采尿过程中要用 38℃生理盐水纱布遮盖切口及膀胱。

4. 压迫膀胱采集尿液

实验人员用手在实验动物下腹部加压，手法要既轻柔又有力。当增加的压力使实验动物膀胱括约肌松弛时，尿液会自动流出，即行收集。

5. 穿刺膀胱采集尿液

实验动物麻醉固定后，剪去下腹部耻骨联合之上、腹正中线两侧的被毛，消毒后用注射针头接注射器穿刺。取钝角进针，针头穿过皮肤后稍微改变角度，以避免穿刺后漏尿，然后刺向膀胱方向，边缓慢进针边回抽，直到抽到尿液为止。

6. 剖腹采集尿液

按上述穿刺膀胱采集尿液法做术前准备，其皮肤准备范围应更大。剖腹暴露膀胱，直视下穿刺膀胱抽取尿液。也可于穿刺前用无齿镊夹住部分膀胱壁，从镊子下方的膀胱壁进针抽尿。

7. 提鼠采集尿液

鼠类被人抓住尾巴提起即出现排尿反射，小鼠的这种反射最明显，可以利用这一反射收集尿液。当鼠类被提起尾巴排尿后，尿滴挂在尿道外口附近的被毛上，不会马上流走，操作人员应迅速用吸管或玻璃管接住尿滴。

2.14.2　动物尿液样品制备

尿液采集之后过滤，离心取上清，置于干净离心管中。

2.14.3　动物尿液样品储存

将新鲜尿液收集于冷冻管中，用干冰转移至实验室，保存于−80℃冰箱中，可以确保尿液中的硒糖不发生降解。

2.15　人体肌肉样品的采集与制备

2.15.1　知情同意

被采集者应在采样前签署"知情同意书"，签署时应有第三人在场，确保签字的真实，确认被采集者已经了解知情同意的内容。

2.15.2　人体中组织标本选择

参照组织样本采集标准操作规程，通过手术切除获得人体组织样本。组织样本包括肿瘤、病变组织和其他对照组织（包含近癌组织、癌旁组织、正常组织等）。

2.15.3　人体中组织样本切取

组织样本是指由被采集者提供的，专业人员采集的组织，包括肿瘤、病变组织和其他对照组织。样本采集人员由专业的病理技师、病理医生或受过专业培训的医技人员担任，协助样本处理的工作，记录样本采集处理的过程。

2.15.4　人体中组织样品储存

移至−80℃冰箱储存待测。

2.16　人体血样样品的采集与制备

2.16.1　知情同意

被采集者应在采样前签署"知情同意书"，签署时应有第三人在场，确保签字的真实，确认被采集者已经了解知情同意的内容。

2.16.2　人体中血液标本选择

血液样本采集参照国家基因库的《血液样本采集标准操作规程》。

2.16.3　人体中血液样本处理

器材：血液样本运输箱，软接式双向采血针系统（头皮静脉双向采血），一次性真空采血器，5mL 非抗凝管，5mL 抗凝管。

静脉选择：被采集者取坐位，前臂水平伸直置于桌面枕垫上，选择容易固定、明显可见的肘前静脉或手背静脉，幼儿可用颈外静脉采血。

消毒：用 30g/L 碘酊自所选静脉穿刺处从内向外、顺时针方向消毒皮肤，待碘酊挥发后，再用 75%乙醇以同样方式脱碘，待干。

采血：拔除采血穿刺针的护套，以左手固定被采集者前臂，右手拇指和食指持穿刺针，沿静脉走向使针头与皮肤成 30°角，快速刺入皮肤，然后成 5°角向前刺破静脉壁进入静脉腔，见回血后将刺塞针端（用橡胶管套上的）直接刺穿入抗凝真空采血管盖中央的胶塞中，血液自动流入试管内，收集 5mL 左右的全血后，将刺塞针端拔出，刺入非抗凝真空采血管再收集 5mL 左右的全血。达到采血量后，松压脉带嘱被采集者松拳，拔下刺塞针端的采血试管。将消毒干棉球压住穿刺孔，立即拔除穿刺针，嘱被采集者继续按压针孔数分钟。

2.16.4　人体中血液样品储存

新鲜的血浆和血清样品在室温下只能存放 6h，在 4℃下可存放 1～2d，如果需要更长时间的存储，应放置在-20℃或-80℃的环境中。

2.17　人体毛发样品的采集与制备

2.17.1　知情同意

被采集者应在采样前签署"知情同意书"，签署时应有第三人在场，确保签字的真实，确认被采集者已经了解知情同意的内容。

2.17.2　人体中毛发标本选择

对头发多者用不锈钢剪刀剪取枕部距发根 1～2cm 处 1～3cm 长头发样品 1～2g，对头发少者加上耳后头发，将其剪成长度 0.5～1.0cm 的小段。

2.17.3　人体中毛发样本切取

将 2.17.2 节取到的样本置于 50mL 烧杯中，用水漂洗 2～3 次，用质量浓度为 50g/L 的中性洗涤剂溶液浸泡 20min，弃去洗液，用自来水洗至无泡沫，再用去离子水洗 5～6 次，抽滤，用滤纸包裹，于 80℃烘箱中烘 4h，置于干燥器中备用。

2.17.4　人体中毛发样品储存

烘干后置于干燥器中备用。

2.18　人体尿液样品的采集与制备

2.18.1　知情同意

被采集者应在采样前签署"知情同意书"，签署时应有第三人在场，确保签字的真实，确认被采集者已经了解知情同意的内容。

2.18.2　人体尿液标本选择

1. 设备和耗材

留尿容器［①一次性使用，材料与尿液成分不发生反应，洁净（菌落计数小于 104 cfu[①]/L）、防渗漏。②容积 50～100mL，圆形开口且直径 4～5cm。③底座宽而能直立，有盖可防止倾翻时尿液溢出，如尿标本需转运，容器还应为安全且易于启闭的密封装置。④采集时段尿（如 24h 尿）容器的开口更大，容积应达 2～3L，且能避光。⑤用于细菌培养的尿标本容器应采用特制的无菌容器，对于必须储存 2h 以上才能检测的尿标本，同样建议使用无菌容器。⑥儿科被采集

---

① cfu，菌落形成单位，表示菌落总数。

者尿液采集使用专用的清洁柔软的聚乙烯塑料袋]、离心管、信息标记、离心机。

2. 样本总类

1）晨尿

首次晨尿（first morning urine）指清晨起床、未进早餐和做运动之前排出的尿液。通常晨尿在膀胱中的存留时间达 6～8h，各种成分较浓缩，已达检测或培养所需浓度。晨尿采集后在 2h 内送检，否则应采取适当防腐措施。需注意，晨尿中高浓度的盐类冷却至室温可形成结晶，干扰尿液的形态学检查。第二次晨尿是指收集首次晨尿后 2～4h 内的尿液标本，要求被采集者在前晚起到尿收集标本止，只饮水 200mL，以提高细菌培养和血细胞、上皮细胞、管型、结晶及肿瘤细胞等有形成分计数灵敏度。

2）随机尿

随机尿（random urine）指被采集者无须任何准备、不受时间限制、随时排出的尿液标本。

3）计时尿

计时尿（timed collection urine）指采集规定时段内的尿液标本，如收集治疗后、进餐后、白天或卧床休息后 3h、12h 或 24h 内的全部尿液。

2.18.3　人体尿液样本处理

必须明确告知被采集者尿标本采集具体步骤，并提供书面说明。①容器：容量最好大于 4L，清洁，无化学污染，并预先加入合适的防腐剂。②方法：在开始采集标本的当天（如早晨 8 点），被采集者排尿并弃去尿液，从此时间开始计时并留取尿液，将 24h 的尿液全部收集于尿容器内。③在结束留取尿液标本的次日（如早晨 8 点），被采集者排尿且留尿于同一容器内。④测定尿量：准确测量并记录总量。⑤混匀标本：全部尿液送检后，必须充分混匀，再从中取出适量（一般约 40mL）用于检验，余尿则弃去。⑥避免污染：儿童 24h 尿标本采集过程中，应特别注意避免粪便污染。

2.18.4　人体尿液样品储存

将新鲜尿液收集于冷冻管中，用干冰转移至实验室，保存于−80℃冰箱中，可以确保尿液中的硒糖不发生降解。

第3章 水体中硒的检测分析方法

3.1 水体中总硒的检测

3.1.1 基本原理

水样经酸化后，硒化合物中硒呈四价无机硒，用硼氢化钠作还原剂，以氩气为载气，将反应产物 H_2Se 导入石英管热分解原子化器中进行原子化，在特制硒空心阴极灯照射下，基态硒原子被激发至高能态，在去活化到基态时，发射出特征波长的荧光，在一定范围内其荧光强度与硒含量成正比，与标准系列比较定量。

3.1.2 仪器

所使用的仪器为北京吉天仪器有限公司生产的 AFS-8220 型原子荧光光度计，硒灯为北京有色金属研究总院生产的硒空心阴极灯。

3.1.3 试剂

硒标准储备液：GBW（E）080215（中国计量科学研究院生产），此标准储备液的浓度为 100μg/mL。

硒标准工作液：按照需要，用上述硒标准储备液配制含硒 0.1μg/mL 和 0.001μg/mL 标准工作液，储存于聚乙烯瓶中备用。

硼氢化钾和氢氧化钾溶液：取 20g 硼氢化钾和 5g 氢氧化钾溶于 1000mL 蒸馏水中，摇匀储存于聚乙烯瓶中备用。

盐酸：取 25mL 纯盐酸（超净超纯试剂），用蒸馏水稀释至 500mL。

氩气：纯度在 99.99% 以上。

3.1.4 标准曲线溶液配制

在一系列 10mL 比色管中，分别加入含硒 0.1μg/mL 的标准溶液 0.02mL、

0.05mL、0.1mL、0.3mL、0.5mL 和 1mL，加入 1mL 纯盐酸，用亚沸水定容至刻度，摇匀，待测。

3.1.5 样品前处理

1. 方法一

取水样 10mL，加入 5mL 纯盐酸并水浴 40min，然后在 AFS-8220 型原子荧光光度计进行测试。

2. 方法二[①]

取 25mL 水样放入烧杯，加入 1.25mL 纯硝酸和 1.25mL 纯高氯酸放至电热板加热，溶液冒白烟，待溶液大约剩至 1mL 时，取下冷却，再加入 2.5mL 盐酸溶液（50%），继续放至电热板加热至溶液冒白烟。取下用亚沸水转移至比色管中，并用亚沸水定容至 10mL，再向其中加入 1mL 纯盐酸和 1mL 铁氰化钾溶液（10%），摇匀即可测试。

3.1.6 样品测试

将 AFS-8220 型原子荧光光度计打开，连接好电路、气路、水路各个系统，接通氩气。打开 AFS-8220 型原子荧光光度计软件，输入各种参量，然后将 AFS-8220 型原子荧光光度计进行清洗预热，仪器稳定后，开始测试标准溶液，以荧光强度为纵坐标，以浓度为横坐标绘制标准曲线。

标准曲线相关系数在 0.999 以上时，即可测试样品。

3.2 水体中硒形态的检测

3.2.1 仪器及试剂

高效液相色谱仪（E2695 型，美国 Waters 公司）。电感耦合等离子体质谱仪（iCAP Qc 型，美国 Thermo Fisher Scientific 公司）。高纯氩气（纯度达到 99.999%）及压力表。超声波清洗仪（KQ3200B 型，昆山市超声仪器有限公司）。纯水仪（Milli-Q 型，密理博中国有限公司）。pH 计［ST3100 型，奥豪斯仪器（常州）有

---

① 本部分参考附录 4《生活饮用水标准检验方法 金属指标》（GB/T 5750.6—2006）。

限公司]。硒酸根溶液标准物质：浓度 75.1μg/g，编号为 GBW10033，中国计量科学研究院。亚硒酸根溶液标准物质：浓度 68.9μg/g，编号 GBW10032，中国计量科学研究院。硒代胱氨酸溶液标准物质：浓度 93.5μg/g，编号为 GBW10087，中国计量科学研究院。硒代蛋氨酸溶液标准物质：浓度 97.9μg/g，编号为 GBW10034，中国计量科学研究院。甲基硒代半胱氨酸溶液标准物质：浓度 96.6μg/g，编号为 GBW10088，中国计量科学研究院。硒脲：纯度 99.97%，北京百灵威科技有限公司。柠檬酸：优级纯，天津市光复科技发展有限公司。硝酸、氨水：优级纯。

3.2.2 仪器工作参数及实验

1. HPLC 与 ICP-MS 的工作参数优化

高效液相色谱法（HPLC）的工作参数及条件。色谱柱，Hamilton PRP-X100，分析柱，250mm×4.1mm，10μm；柱温，25℃；流量，1.0mL/min；进样体积，100μL。

电感耦合等离子体质谱仪（ICP-MS）工作参数及条件。射频功率，1550W；采样深度，5.0mm；冷却气流速，13.8L/min；辅助气流速，0.78L/min；雾化器流速，1.07L/min；He 碰撞气流速：4.37L/min。

2. 流动相的选择

基于 Hamilton PRP-X100 型阴离子交换柱，采用不同的流动相可以测定多种样品中硒形态的特点，实验采用 Hamilton PRP-X100 分析柱，进行柠檬酸流动相的测定研究。综合考虑分离度和保留时间，选择柠檬酸溶液的浓度为 20mmol/L，pH 为 4.0。亚硒酸根溶液和甲基硒代半胱氨酸溶液二者选其一，能够同时分离 5 种硒形态。5 种硒形态在 600s（10min）内即可得到较好分离。

第4章　土壤中硒的检测分析方法

4.1　土壤中总硒的检测

4.1.1　荧光法

1. 方法原理

土壤样品经过混合酸消化，有机物被破坏能使硒解离出来，还原后在酸性溶液中硒和 2,3-二氨基萘（2,3-diaminonaph-thalene，简称 DAN）反应生成 4,5-苯并芘硒脑（4,5-henzo-piaselenol），其荧光强度与硒的浓度在一定条件下成正比。加入乙二胺四乙酸二钠（EDTA-2Na）和盐酸羟胺，可消除样液中铜、铁、钼及大量氧化性物质对全硒测定的干扰。然后用环己烷萃取，在荧光光度计上选择激发波长 376nm、发射波长 525nm 处测定荧光强度，样品测定结果与绘制的标准曲线比较定量。本方法最低检测量为 3ng。

2. 试剂及主要仪器

若无特殊规定，在分析中仅使用确认为优级纯的试剂。本方法所述溶液若未指明溶剂，均为水溶液。所用水均为去离子水。

试剂：①硝酸，优级纯，$\rho(HNO_3)$ 约为 1.42g/mL。②高氯酸，优级纯，$\rho(HClO_4)$ 约为 1.60g/mL。③盐酸，优级纯，$\rho(HCl)$ 约为 1.19g/mL。④盐酸溶液：$c(HCl)$ = 0.1mol/L。⑤盐酸溶液：优级纯，1 + 1。⑥氨水溶液：1 + 1。⑦硝酸-高氯酸混合酸：硝酸（优级纯）v_1，高氯酸（优级纯）v_2，$v_1 + v_2 = 3 + 2$。⑧盐酸羟胺-乙二胺四乙酸二钠溶液：称取 10g EDTA-2Na 溶于 500mL 水中，加入 25g 盐酸羟胺，使其溶解，用水稀释至 1000mL。⑨甲酚红指示剂：称取 0.02g 甲酚红于 400mL 烧杯中，加水溶解，加氨水溶液 1 滴，使其溶解后加水稀释到 100mL。⑩2,3-二氨基萘溶液（暗室中配制）：称取 0.1g 2,3-二氨基萘置于 150mL 烧杯中，加入 100mL 盐酸溶液（0.1mol/L）使其溶解，转移到 250mL 分液漏斗，加入 20mL 环己烷振荡 1min，待分层后弃去环己烷，水相重复用环己烷处理 3～4 次。水相放入棕色瓶中上面加盖约 1cm 厚的环己烷，于暗处置冰箱保存。必要时再纯化一次。⑪环己烷：ρ = 0.778～0.80g/mL。⑫硒标准储备液：$\rho(Se)$ = 100mg/L。精确称取 0.1000g

元素硒（光谱纯），溶于少量硝酸中，加 2mL 高氯酸，置沸水浴中加热 3～4h，蒸去硝酸，冷却后加入 8.4mL 盐酸，再置沸水浴中煮 5min。准确稀释至 1000mL，其盐酸浓度为 0.1mol/L。混匀。⑬硒标准使用液：$\rho(Se)$ = 0.05mg/L。将硒标准储备液用 0.1mol/L 盐酸溶液稀释成 1.00mL 含 0.05μg 硒的标准使用液，于冰箱内保存。

仪器：各种类型紫外分光光度计。

3. 操作步骤

1）样品溶液的制备

称取待测土壤样品 2g（精确至 0.0001g）于 100mL 锥形瓶中，加入硝酸-高氯酸混合酸 10～15mL，盖上小漏斗，放置过夜。次日，于 160℃自动控温消化炉上，消化至无色（土样呈灰白色），继续消化至冒白烟后，1～2min 内取下稍冷，向锥形瓶中加入 10mL 盐酸溶液（1＋1），置于沸水浴中加热 10min，取下锥形瓶，冷却至室温，用去离子水将消化液转入 50mL 容量瓶中，定容至刻度，摇匀。保留试液待测。

2）样品溶液的测定

吸取 10～20mL 还原定容后的待测液于 100mL 具塞锥形瓶中，加 10mL 盐酸羟胺和乙二胺四乙酸二钠溶液，混匀，加两滴甲酚红指示剂，溶液呈桃红色，滴加氨水溶液至出现黄色，继续加入至呈桃红色，再用盐酸溶液（1＋1）调至橙黄色（pH 为 1.5～2.0）。以下步骤在暗室进行：加 2mL 2,3-二氨基萘溶液，混匀，置沸水浴中煮 5min，取出冷却至室温。准确加入 5mL 环己烷，盖上瓶塞，在振荡机上振荡 10min 后将溶液移入分液漏斗中，待分层后弃去水层，将环己烷层转入带盖试管中，小心勿使环己烷层混入水滴，于激发波长 376nm、发射波长 525nm 处测定 4,5-苯并芘硒脑的荧光强度，查标准工作曲线，得出试样溶液中硒的质量数值。

3）硒标准工作曲线绘制

用硒标准使用液逐级稀释配制成 $\rho(Se)$ 分别为 0.00μg/L、1.00μg/L、2.00μg/L、4.00μg/L、8.00μg/L 的标准溶液。各吸 20.00mL，使其硒含量分别为 0.00ng、20.00ng、40.00ng、80.00ng、160.00ng，放入 100mL 具塞锥形瓶中，按试液测定步骤同时进行。

4）空白试验

除不加样品外，其余分析测定步骤同样品溶液的测定。

4. 结果计算

全硒（Se）含量 ω，以质量分数计，单位为毫克每千克（mg/kg），按式（4-1）计算。

$$\omega = \frac{(m_1 - m_{01}) \times 50 \times 10^{-3}}{m \times v_1} \qquad (4\text{-}1)$$

式中：m_1——自工作曲线上查得的试样溶液中硒的质量数值，单位为纳克（ng）；

　　　　m_{01}——空白试液所测得的硒的质量数值，单位为纳克（ng）；

　　　　v_1——测定时吸取的试样溶液体积数值，单位为毫升（mL）；

　　　　m——试样的质量的数值，单位为克（g）；

　　　　50——试样溶液定容体积数值，单位为毫升（mL）；

　　　　10^{-3}——以纳克为单位的质量数值换算为以微克为单位的质量数值的换算系数。

取平行测定结果的算术平均值作为测定结果。计算结果表示到小数点后两位。

4.1.2　原子荧光光谱法

1. 方法原理

土壤样品经过硝酸-高氯酸混合酸加热消解后，在 6mol/L 盐酸介质中，将样品中的六价硒还原成四价硒，以硼氢化钠（NaBH₄）或硼氢化钾（KBH₄）作为还原剂，将四价硒在盐酸介质中还原成硒化氢（H₂Se），由载气（氩气）带入原子化器中进行原子化，在特制硒空心阴极灯的照射下，基态的硒原子将被激发至高能态，在去活化返回到基态过程中，将会发射出特征波长的荧光，该荧光强度与硒含量成正比，绘制标准曲线即可确定样品硒含量。

本方法的检出限为 0.002mg/kg。

2. 试剂及主要仪器

若无特殊规定，在分析中仅使用确认为优级纯的试剂。本方法所述溶液若未指明溶剂，均为水溶液。所用水均为《分析实验室用水规格和试验方法》（GB/T 6682—2008）规定的二级水。

1）试剂

①硝酸，优级纯。②高氯酸，优级纯。③盐酸，优级纯。④氢氧化钠，优级纯。⑤过氧化氢。⑥硼氢化钾（KBH₄）或硼氢化钠（NaBH₄），优级纯。⑦铁氰化钾[K₃Fe(CN)₆]。⑧硒标准溶液（1000mg/L）。

2）试剂制备

硝酸-高氯酸混合酸：将 900mL 硝酸和 100mL 高氯酸混合均匀。

氢氧化钠溶液（5g/L）：准确称取 5g 氢氧化钠，溶解定容至 1000mL。

硼氢化钠溶液（8g/L）：准确称取 8g 硼氢化钠，用氢氧化钠（5g/L）溶解并定容至 1000mL，现配现用。

　　盐酸溶液（6mol/L）：将 50mL 盐酸缓慢加入 40mL 水中,冷却后定容至 100mL。

　　铁氰化钾溶液（100g/L）：准确称取 10g 铁氰化钾,溶解并定容至 100mL。

　　盐酸溶液（5＋95）：将 50mL 盐酸缓慢加入 800mL 水中,冷却后定容至 1000mL。

　　硒标准中间液（100mg/L）：准确量取 1.00mL 硒标准溶液（1000mg/L）,用盐酸溶液（5＋95）定容至 10mL,充分混匀（于冰箱内保存）。

　　硒标准使用液（1.00mg/L）：准确量取 1.00mL 硒标准中间液（100mg/L）,用盐酸溶液（5＋95）定容至 100mL,充分混匀（于冰箱内保存）。

　　3）仪器和设备

　　原子荧光光谱仪,配备硒空心阴极灯。分析天平。电热板。微波消解系统,配备聚四氟乙烯消解内罐。

　　3. 操作步骤

　　1）湿法消解

　　准确称取土壤样品 0.5～3.0g（精确到 0.001g）,置于 100mL 三角瓶中,加入 10mL 硝酸-高氯酸混合酸和几粒玻璃珠,盖上小漏斗或表面皿冷消化过夜。第二天在 160℃自动控温电热板上进行加热消解,并及时补加硝酸,消化至土样呈灰白色,继续消化至冒白烟后且剩余体积 2mL 左右,切不可蒸干。1～2min 内取下冷却,加入 5mL 盐酸溶液（6mol/L）,继续加热至溶液呈无色（土样呈灰白色）并伴随大量白烟,取下三角瓶,冷却后转移到 10mL 容量瓶中,并加入 2.5mL 铁氰化钾溶液（100g/L）,定容至刻度,摇匀待测。同时做试剂空白试验。

　　2）微波消解

　　准确称取土壤样品 0.5～3.0g（精确到 0.001g）,置于微波消化管中,加入 10mL 硝酸、2mL 过氧化氢,充分混匀后置于微波消解仪中进行消化,微波消解升温程序见表 4-1（根据不同型号微波消解仪自行优化消解条件）。待消解结束后,将冷却的消化液转移到三角瓶中,加入几粒玻璃珠,继续消化至冒白烟且剩余体积 2mL 左右,切不可蒸干。1～2min 取下冷却,加入 5mL 盐酸溶液（6mol/L）,继续加热至溶液呈无色（土样呈灰白色）并伴随大量白烟,取下三角瓶,冷却后转移到 10mL 容量瓶中,并加入 2.5mL 铁氰化钾溶液（100g/L）,定容至刻度,摇匀待测。同时做试剂空白试验。

表 4-1　微波消解升温程序

步骤	设定温度/℃	升温时间/min	恒温时间/min
1	120	6	1
2	150	3	5
3	200	5	10

3）硒标准工作曲线溶液配制

分别取 0.00mL、0.50mL、1.00mL、2.00mL、3.00mL 硒标准使用液（1.00mg/L）于 100mL 容量瓶中，加入 10.0mL 铁氰化钾溶液（100g/L），用盐酸溶液（5＋95）定容到 100mL，充分混匀。计算可知硒的标准工作曲线质量浓度依次为 0μg/L、5.0μg/L、10.0μg/L、20.0μg/L、30.0μg/L（可以根据样品中硒的实际含量以及仪器灵敏度来确定硒的标准工作曲线）。

4）仪器调试

负高压，220～350V；灯电流，50～100mA；原子化温度，800℃；炉高，8mm；载气流速，300～500mL/min；屏蔽气流速，600～1000mL/min；测量方式，标准曲线法；读数方式，峰面积；延迟时间，1s；读数时间，15s；加液时间，8s；进样体积，2mL。

设定好仪器最佳条件，逐步将炉温升至所需温度后，稳定 10～20min 后开始测量。以盐酸溶液（5＋95）作为载流，硼氢化钠溶液（8g/L）作为还原剂，用标准系列的零管连续进样测定，待读数稳定之后，转入硒标准系列测量，绘制标准曲线。

5）样品溶液的测定

在与测定硒标准系列溶液相同的条件下，分别测定试样空白和试样消化液的荧光信号峰值，每次测不同的试样前都应清洗进样器（不同厂家的原子荧光分光光度计操作不尽相同，根据实际情况进行操作）。若浓度超过所设定标准曲线的最大值，则需要将样品稀释后再进行测定，部分仪器能够在线稀释。

4. 结果计算

全硒（Se）含量 χ 按式（4-2）计算。

$$\chi = \frac{(c - c_0) \times v}{m \times 1000} \tag{4-2}$$

式中：c——试样溶液中硒的质量浓度，单位为微克每升（μg/L）；

c_0——空白溶液中硒的质量浓度，单位为微克每升（μg/L）；

v——试样消化液总体积，单位为毫升（mL）；

m——试样称样量，单位为克（g）；

1000——以微克为单位的质量数值换算为以毫克为单位的质量数值的换算系数。

取平行测定结果的算术平均值作为测定结果。

当样品硒含量≥1mg/kg 时，计算结果表示到小数点后三位，当硒含量＜1mg/kg 时，则只需保留两位有效数字。

5. 注意事项

①煮沸的浓盐酸可以将不能测定的 Se（Ⅵ）完全还原成可以测定的 Se（Ⅳ）。

②加入铁盐可以消除测 Se 时的大部分干扰。实验表明，加入铁氰化钾后，250 倍的 Mn^{2+}、Ni^{2+}、Co^{2+}、Cu^{2+} 不会干扰测定；可形成氢化物离子 Bi^{3+}、Hg^{2+}、As^{3+}、Sb^{3+}、Pb^{2+}、Cd^{2+}、Ge^{4+} 在浓度为 10∶1 时不发生干扰。③本书中的测量条件仅供参考，实际测量条件需实验人员在推荐范围内优化得到。

4.1.3 氢化物原子吸收光谱法

1. 方法原理

样品经硝酸、高氯酸混合酸加热消化后，在盐酸介质中，将样品中的 Se（Ⅵ）还原成 Se（Ⅳ），用硼氢化钾（KBH_4）或硼氢化钠（$NaBH_4$）作还原剂，将 Se（Ⅳ）在盐酸介质中还原成硒化氢（H_2Se），由载气（氮气）将硒化氢带入高温电热石英管中进行原子化。根据硒基态原子吸收由硒空心阴极灯发射出来的共振线的量与待测液中硒含量成正比，与标准系列比较定值。本方法最低检测量为 1.4ng。

2. 试剂及主要仪器

若无特殊规定，在分析中仅使用确认为优级纯的试剂。本方法所述溶液若未指明溶剂，均为水溶液。所用水均为去离子水。

1）试剂

①硝酸，优级纯。②高氯酸，优级纯。③盐酸，优级纯。④硼氢化钠溶液：10g/L。称取 1g 硼氢化钠（$NaBH_4$）和 0.5g 氢氧化钠溶于去离子水，稀释至 100mL（现配现用）。⑤硝酸-高氯酸混合酸：硝酸（优级纯）v_1，高氯酸（优级纯）v_2，$v_1 + v_2 = 3 + 2$。⑥盐酸溶液：优级纯，1 + 1。⑦硒标准储备液（100mg/L）：精确称取 0.1000g 元素硒（光谱纯），溶于少量硝酸中，加 2mL 高氯酸，置沸水浴中加热 3～4h，蒸去硝酸，冷却后加入 8.4mL 盐酸，再置沸水浴中煮 5min。准确稀释至 1000mL，其盐酸浓度为 0.1mol/L。混匀。⑧硒标准使用液（0.05mg/L）：将硒标准储备液用 0.1mol/L 盐酸溶液稀释成 1.00mL 含 0.05μg 硒的标准使用液，于冰箱内保存。

2）仪器

原子吸收分光光度计、自动控温电热板。

3. 操作步骤

1）样品溶液的制备

称取待测样品 2g（精确至 0.0001g）于 100mL 锥形瓶中，加入硝酸-高氯酸混合酸 10～15mL，盖上小漏斗，放置过夜。次日，于 160℃自动控温电热板上，消化至无色（土样成灰白色），继续消化至冒白烟后，1～2min 内取下稍冷，向锥形瓶中加入 10mL 盐酸溶液（1＋1），置于沸水浴中加热 10min，取下锥形瓶，冷却至室温，用去离子水将消化液转入 50mL 容量瓶中，定容至刻度，摇匀。保留试液待测。

2）硒标准工作曲线绘制

用硒标准使用液逐级稀释配制成 $\rho(Se)$ 分别为 0.00μg/L、1.00μg/L、2.00μg/L、4.00μg/L、8.00μg/L 的标准溶液。各吸 20.00mL，使其硒含量分别为 0.00ng、20.00ng、40.00ng、80.00ng、160.00ng，由载气导入氢化物发生器中，以硼氢化钠溶液（10g/L）为还原剂将四价硒还原为硒化氢，测定其吸光度。标准溶液系列的浓度范围可根据样品中硒含量的多少和仪器灵敏度高低适当调整。

用吸光度与之对应的硒含量绘制标准工作曲线。

3）样品溶液的测定

分取 10.00～20.00mL 还原定容后的待测液，在与测定硒标准系列溶液相同的条件下，测定试液的吸光度。

4）空白试验

除不加样品外，其余分析测定步骤同样品溶液的测定。

4. 结果计算

全硒（Se）含量 ω，以质量分数计，单位为毫克每千克（mg/kg），按式（4-3）计算。

$$\omega = \frac{(m_3 - m_{03}) \times 50 \times 10^{-3}}{m \times v_3} \qquad (4\text{-}3)$$

式中：m_3——自工作曲线上查得的试样溶液中硒的质量数值，单位为纳克（ng）；

　　　m_{03}——空白试液所测得的硒的质量数值，单位为纳克（ng）；

　　　v_3——测定时吸取的试样溶液体积数值，单位为毫升（mL）；

　　　m——试样的质量的数值，单位为克（g）；

　　　50——试样溶液定容体积数值，单位为毫升（mL）；

　　　10^{-3}——以纳克为单位的质量数值换算为以微克为单位的质量数值的换算系数。

取平行测定结果的算术平均值作为测定结果。计算结果表示到小数点后两位。

4.1.4　电感耦合等离子体质谱法

1. 方法原理

电感耦合等离子体质谱仪（ICP-MS）是一种将 ICP 技术和质谱结合在一起的

分析仪器。样品在被 ICP 射频电源离子化后，通过载气带入四极杆质量分析器，在其中离子将按照质荷比（m/z）的大小被分开，经过聚焦后，到达检测器。检测器将不同质荷比的离子流通过接收、测定及数据处理转换成电信号，经过将电信号放大处理给出分析结果。该仪器具有高超的分析功能及极佳的可靠性和稳定性，具有先进的碰撞反应池技术，能够最有效地消除多原子离子的干扰，其带偏转的离子光学系统可以最大限度地消除中子和光子的干扰。

土壤样品经过消解后，由电感耦合等离子体质谱仪测定，以元素特定质量数（质荷比，m/z）定性，采用外标法，以硒元素质谱信号与内标元素质谱信号的强度比与硒元素的浓度成正比进行定量分析。

2. 试剂及主要仪器

若无特殊规定，在分析中仅使用确认为优级纯的试剂。本方法所述溶液若未指明溶剂，均为水溶液。所用水均为去离子水。

1）试剂

①硝酸（HNO_3）：优级纯或更高纯度。②氩气（Ar）：氩气（≥99.995%）或液氩。③氦气（He）：氦气（≥99.995%）。④金元素（Au）溶液（1000mg/L）。⑤硝酸溶液（5%）：取 50mL 硝酸，用去离子水定容到 1000mL。⑥硒元素储备液（1000mg/L）：采用经国家认证并授予标准物质证书的标准储备液。⑦内标元素储备液（1000mg/L）：铟、锗、钪、锗、铼、铋等采用经国家认证并授予标准物质证书的单元素或多元素内标标准储备液。

2）仪器

①电感耦合等离子体质谱仪。②天平，感量为 0.1mg 和 1mg。③微波消解仪，配备聚四氟乙烯消解内罐。④压力消解罐，配备聚四氟乙烯消解内罐。⑤恒温干燥箱。⑥控温电热板。⑦超声水浴箱。⑧样品粉碎设备：高速粉碎机、匀浆机。

3. 操作步骤

1）样品溶液的制备

（1）微波消解法。称取土壤样品 0.2～0.50g（精确至 0.001g）于微波消解内罐中，含二氧化碳或乙醇的样品先在电热板上低温加热除去二氧化碳或乙醇，添加 5～10mL HNO_3，加盖放置 1h 或过夜，拧紧罐盖，按照微波消解仪标准操作步骤进行消解（消解参考条件见表 4-2）。待冷却后取出，缓慢打开罐盖排气，用少量水冲洗内盖，将消解罐放在控温电热板上或超声水浴箱中，于 100℃加热 30min 或超声脱气 2～5min，用水定容至 25mL 或 50mL，混匀备用，同时做空白试验。

（2）压力罐消解法。称取土壤样品 0.2～1.0g（精确至 0.001g）于消解内罐中，含二氧化碳或乙醇的样品先在电热板上低温加热除去二氧化碳或乙醇，加入 5mL

HNO_3，放置 1h 或过夜，拧紧不锈钢外套，放入恒温干燥箱消解（样品消解参考条件见表 4-2），于 150～170℃消解 4h，冷却后，缓慢拧松不锈钢外套，将消解内罐取出，在控温电热板上或超声水浴箱中，于 100℃加热 30min 或超声脱气 2～5min，用水定容至 25mL 或 50mL，混匀备用，同时做空白试验。

表 4-2　样品消解参考条件

消解方式	步骤	消解温度/℃	升温时间/min	恒温时间
微波消解	1	120	5	5min
	2	150	5	10min
	3	190	5	20min
压力罐消解	1	80	—	2h
	2	120	—	2h
	3	160～170	—	4h

2）硒标准工作曲线绘制

用硝酸溶液（5%）将硒元素标准储备液逐级稀释配制成表 4-3 中的标准曲线。

表 4-3　标准曲线系列硒含量浓度　　　　　　　（单位：μg/L）

元素	1	2	3	4	5	6
Se	0	1.00	5.00	10.0	30.0	50.0

注：依据样品消解溶液中元素质量浓度水平，适当调整标准系列质量浓度范围。

内标使用液：取适量内标单元素储备液或内标多元素标准储备液，用硝酸溶液（5%）配制合适浓度的内标使用液。

由于不同仪器采用的蠕动泵内径有所不同，当在线加入内标溶液时，需考虑内标元素在样液中的浓度，样液混合后的内标元素参考浓度范围为 25～100μg/L，低质量数元素可以适当提高使用液浓度[1]。

将硒标准曲线溶液注入电感耦合等离子体质谱仪中，测定硒元素和内标元素的信号响应值，以硒元素的浓度为横坐标，硒与所选内标元素响应信号值的比值为纵坐标，绘制标准曲线。

3）样品溶液的测定

将空白溶液和试样溶液分别注入电感耦合等离子体质谱仪中，测定硒元素和内标元素的信号响应值，根据标准曲线得到消解液中硒元素的浓度。

---

[1] 内标溶液既可在配制标准工作溶液和样品消化液中手动定量加入，亦可由仪器在线加入。

4. 结果计算

试样中硒元素的含量按式（4-4）计算。

$$\chi = \frac{(\rho - \rho_0) \times v \times f}{m \times 1000} \qquad (4\text{-}4)$$

式中：χ——试样中硒元素含量，单位为毫克每千克或毫克每升（mg/kg 或 mg/L）；

ρ——试样溶液中硒元素质量浓度，单位为微克每升（μg/L）；

ρ_0——试样空白液中硒元素质量浓度，单位为微克每升（μg/L）；

v——试样消化液定容体积，单位为毫升（mL）；

f——试样稀释倍数；

m——试样称取质量，单位为克（g）；

1000——以微克为单位的质量数值换算为以毫克为单位的质量数值的换算系数。

计算结果保留三位有效数字。

5. 仪器参考条件

（1）仪器操作条件：仪器操作条件见表 4-4；硒元素分析模式采用碰撞反应池。

对没有合适消除干扰模式的仪器，需采用干扰校正方程对测定结果进行校正，硒元素干扰校正方程为：$[^{78}Se] = [78] - 0.1869 \times [76]$。其中，$[X]$ 为质量数 X 处的质谱信号强度——离子每秒计数值（CPS）。

表 4-4　电感耦合等离子体质谱仪操作参考条件

参数名称	参数	参数名称	参数
射频功率	1500W	雾化器	高盐/同心雾化器
等离子体气流量	15L/min	采样锥/截取锥	镍/铂锥
载气流量	0.80L/min	采样深度	8~10mm
辅助气流量	0.40L/min	采集模式	跳峰
氦气流量	4~5mL/min	检测方式	自动
雾化室温度	2℃	每峰测定点数	1~3 个
样品提升速率	0.3r/s	重复次数	2~3 次

（2）测定参考条件：在调谐仪器达到测定要求后，编辑测定方法，根据待测元素的性质选择相应的内标元素，硒元素和内标元素的质荷比（m/z）见表 4-5。

表 4-5　电感耦合等离子体质谱仪硒元素和内标元素质荷比

表 4-5　电感耦合等离子体质谱仪硒元素和内标元素质荷比

元素	质荷比	内标元素
Se	78	$^{72}Ge/^{103}Rh/^{115}In$

6. 精密度

样品中各元素含量大于 1mg/kg 时,在重复性条件下获得的两次独立测定结果的绝对差值不得超过算术平均值的 10%;小于或等于 1mg/kg 且大于 0.1mg/kg 时,在重复性条件下获得的两次独立测定结果的绝对差值不得超过算术平均值的 15%;小于或等于 0.1mg/kg 时,在重复性条件下获得的两次独立测定结果的绝对差值不得超过算术平均值的 20%。

7. 其他

土壤样品以 0.5g 定容体积至 50mL,本方法硒元素的检出限和定量限见表 4-6。

表 4-6　电感耦合等离子体质谱仪硒元素的检出限和定量限

元素名称	元素符号	检出限 1/(mg/kg)	检出限 2/(mg/L)	定量限 1/(mg/kg)	定量限 2/(mg/L)
硒	Se	0.01	0.003	0.03	0.01

4.2　土壤有效硒测定

4.2.1　酸性土壤有效硒提取

1）KH_2PO_4 提取法

选择 0.1mol/L KH_2PO_4 作为浸提剂,采用土液比为 1:5 土壤浸提 2～24h,浸提液经过离心,过滤后待测。硒含量测定方法同土壤总硒含量测定。所有测硒试剂全部为优级纯,水为去离子水。

2）$NaHCO_3$ 提取法

准确称取 5.00g 过 0.147mm 筛的土壤于 150mL 塑料瓶中,加入浸提剂 0.5mol/L $NaHCO_3$ 25mL,在 25℃、200r/min 速度下振荡 4h,然后测定滤液中硒含量。

4.2.2　中性土壤有效硒提取

KH_2PO_4 提取法。用 KH_2PO_4 溶液提取后,浸提液中有机硒采用 $HNO_3 + H_2O_2$ 消化,SeO_4^{2-} 采用 HCl 还原后测定 SeO_3^{2-} 的含量,即土壤有效硒的测定方法为:称取过 60 目的土壤样品 1.0g（精确到 0.001g）于离心管中，准确加入 10mL 0.25mol/L KH$_2$PO$_4$ 浸提液，于 30℃、1500r/min 振荡提取 60min，3000r/min 离心 15min，取上清液 5mL 于微波消解罐中，加入 HNO$_3$ 7mL、H$_2$O$_2$ 1mL，样品消解完毕后，在赶酸板上赶酸至约 2mL，加入 5mL 6mol/L 盐酸，再赶酸至 2mL 以下，转入 10mL 容量瓶中，用 5%盐酸溶液定容，用原子荧光光谱法测定溶液中硒的含量。

4.2.3　碱性土壤有效硒提取

1）KH$_2$PO$_4$ 提取法

准确称取 5.00g 过 0.147mm 筛的土壤于 150mL 塑料瓶中，按照土液比 1∶15 加入浸提剂 0.5mol/L KH$_2$PO$_4$，在 25℃、200r/min 速度下振荡 90min，然后测定滤液中硒含量。

2）AB-DTPA 提取法

1mol/L NH$_4$HCO$_3$-0.005mol/L DTPA[①]（pH 7.6），以下简称为 AB-DTPA。

准确称取 5.00g 过 0.147mm 筛的土壤于 150mL 塑料瓶中，按照土液比 1∶15 或 1∶20 加入浸提剂 AB-DTPA，在 25℃、200r/min 速度下振荡 60min，然后测定滤液中硒含量。

3）EDTA-2Na 提取法

0.05mol/L EDTA-2Na，以下简称为 EDTA。

准确称取 5.00g 过 0.147mm 筛的土壤于 150mL 塑料瓶中，按照土液比 1∶20 加入浸提剂 EDTA，在 25℃、200r/min 速度下振荡 30min，然后测定滤液中硒含量。

4）NaHCO$_3$ 提取法

准确称取 5.00g 过 0.147mm 筛的土壤于 150mL 塑料瓶中，按照土液比 1∶20 加入浸提剂 0.5mol/L NaHCO$_3$（pH8.5），在 25℃、200r/min 速度下振荡 90min，然后测定滤液中硒含量。

土壤有效硒浸提液的处理方法参照瞿建国土壤有效态硒的消化预处理法，简述为：将 10mL 浸出液置于 50mL 石英烧杯中，加入 4.5mol/L HCl 0.5mL 和 5% K$_2$S$_2$O$_8$（称取 5g 优级纯 K$_2$S$_2$O$_8$，以去离子水稀释并定容至 100mL）1.0mL，摇匀。将此具有试液的烧杯置于沸水浴中加热 1h，分解析出浸出液中的有机质，并把有机硒转化为 Se^{6+}，然后加入 3% H$_2$C$_2$O$_4$（称取 4.2g 优级纯 H$_2$C$_2$O$_4$·2H$_2$O，以去离子水稀释并定容至 100mL）1.0mL，继续加热 30min，此后加入 7.5mL 浓 HCl，再加热 15min，冷却后用去离子水稀释至 25mL，摇匀待测。土壤有效硒采用氢化物发生-原子荧光光谱法（HG-AFS）进行测定。

---

① DTPA 中文名为二乙基三胺五乙酸。

4.3　土壤硒形态测定

迄今为止，关于土壤硒形态的划分及提取分离还没有一个标准的或者公认的分析方法。

4.3.1　Tessier 连续浸提法

按照图 4-1 的提取步骤，可逐步获得以下 5 种不同形态的硒。

（1）可交换态：土壤在室温下，用氯化镁（1mol/L $MgCl_2$，pH 7.0）溶液或乙酸钠（1mol/L NaOAc，pH 8.2）溶液浸提 1h，并且不断搅拌，上清液用于测定硒含量。

（2）碳酸盐结合态：在上述残渣中继续加 8mL NaOAc（1mol/L，用乙酸调节 pH 为 5.0）进行浸提，保持持续搅拌，上清液用于测定硒含量。

（3）铁-锰氧化物结合态：在上述残渣中继续加 20mL 0.3mol/L $Na_2S_2O_4$ + 0.175mol/L 柠檬酸钠和 0.025mol/L 柠檬酸或者加 20mL 0.04mol/L $NH_2OH\text{-}HCl$（$NH_2OH\text{-}HCl$ 用 25% HOAc 溶解）。在（96±3）℃条件下浸提并间歇搅拌，上清液用于测定硒含量。

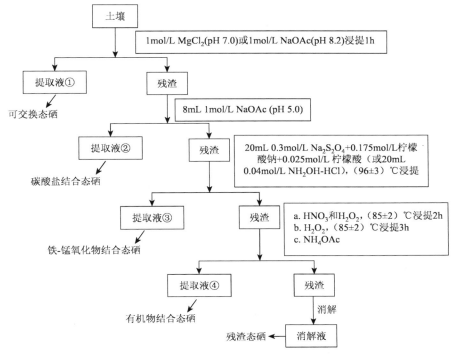

图 4-1　Tessier 土壤硒形态浸提方法及过程

（4）有机物结合态：在上述残渣中继续加 3mL 0.02mol/L HNO$_3$ 和 5mL 30% H$_2$O$_2$（用 HNO$_3$ 调节 pH 为 2.0），（85±2）℃加热浸提 2h 并间歇搅拌。然后加 3mL 的 H$_2$O$_2$（用 HNO$_3$ 调节 pH 为 2.0），（85±2）℃加热浸提 3h 并间歇搅拌。待样品冷却后，加 5mL 3.2mol/L NH$_4$OAc（用 20%HNO$_3$ 溶解）并稀释到 20mL，持续搅拌 30min。上清液用于测定硒含量。

（5）残渣态：用少量去离子水将上述离心管中的残渣转移至 50mL 石英烧杯中，以下步骤同 4.1 节土壤中总硒的检测。

在所有提取过程中均使用 10000r/min（12000g）离心 30min，每次浸提后用移液管吸取上清液，然后加 8mL 去离子水，离心 30min 后，倒掉上清液，接着进行下一步浸提。

4.3.2　瞿建国连续化学浸提法

应用瞿建国连续化学浸提法将土壤和沉积物中硒划分为 5 种形态：可溶态（水溶态）、可交换态及碳酸盐结合态、铁-锰氧化物结合态、有机物-硫化物结合态及元素态、残渣态，然后用氢化物发生-无色散原子荧光光谱法测定各形态硒和总硒。该方法的精密度和准确度好，且具有灵敏、简便等特点。

1）试剂准备

（1）Se^{4+} 标准储备液：准确称取 0.1405g 光谱纯 SeO$_2$，用去离子水溶解并定容至 100mL。此溶液 Se^{4+} 的浓度为 1000mg/L。

（2）Se^{4+} 标准使用液：使用前把 Se^{4+} 标准储备液逐级稀释为 25μg/L，即标准使用液。

（3）0.25mol/L KCl 溶液：称取 18.64g 分析纯 KCl，用去离子水稀释并定容至 1000mL。

（4）0.7mol/L KH$_2$PO$_4$ 溶液：称取 95.26g 分析纯 KH$_2$PO$_4$，溶于约 950mL 去离子水中，用 1.0mol/L K$_2$HPO$_4$ 调节 pH 为 5.0，然后用去离子水稀释并定容至 1000mL。

（5）2.5mol/L HCl 溶液：移取 104.2mL 优级纯浓 HCl，用去离子水稀释并定容至 500mL。

（6）5% K$_2$S$_2$O$_8$ 溶液：称取 5.0g 分析纯 K$_2$S$_2$O$_8$，然后用去离子水稀释并定容至 100mL。

2）提取方法

瞿建国土壤硒形态浸提方法及过程如图 4-2 所示。

（1）可溶态（水溶态）：称取 1.000g 土壤或沉积物样品，放入干净的聚乙烯离心管中，加入 0.25mol/L HCl 10mL，在室温 25℃以 200r/min 的转速恒温振荡 1h，然后以 4000r/min 的转速离心 10min，上清液消化后测定硒含量。

（2）可交换态及碳酸盐结合态：在上述含有残渣的离心管中，加入 0.7mol/L KH₂PO₄（pH = 5.0）10mL，在室温 25℃ 以 200r/min 的转速恒温振荡 4h，然后以 4000r/min 的转速离心 10min，上清液消化后测定硒含量。

（3）铁-锰氧化物结合态：在上述含有残渣的离心管中，加入 2.5mol/L HCl 10mL，置于 90℃ 的恒温水浴中加热 50min，并间歇振荡，然后以 4000r/min 的转速离心 10min，上清液消化后测定硒含量。

（4）有机物-硫化物结合态及元素态：在上述含有残渣的离心管中，加入 5% K₂S₂O₈ 8mL 和 HNO₃（1∶1）2mL，置于 95℃ 的恒温水浴中加热 3h，并间歇振荡，然后以 4000r/min 的转速离心 10min，上清液消化后测定硒含量。

（5）残渣态：用少量去离子水将上述离心管中的残渣转移至 50mL 石英烧杯中，以下步骤同 4.1 节土壤中总硒的检测。

连续浸提的总回收率由上述 5 种形态测定值之和与总硒测定值之比计算获得。

（6）硒的测定：同 4.1 节土壤中总硒的检测。

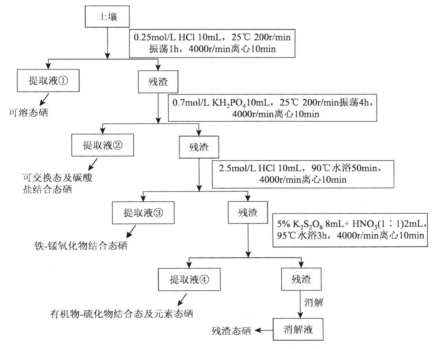

图 4-2　瞿建国土壤硒形态浸提方法及过程

4.3.3　吴少尉连续浸提法

吴少尉连续浸提法及过程如图 4-3 所示。

（1）水溶态：称取 1.000g 土壤样品于 10mL 离心管中，加入蒸馏水 10mL，加盖，平放于康氏振荡器上，室温下振荡 1h，然后以 4000r/min 转速离心 30min，取出上层清液，定容至 10mL，检测。

（2）可交换态：在上述含有残渣的离心管中，加入 0.1mol/L KH_2PO_4-K_2HPO_4 溶液 10mL，室温下同法振荡 2h，以 4000r/min 转速离心 30min，取出上层清液，定容至 10mL，待测。

（3）酸溶态（碳酸盐及铁-锰氧化物结合态）：在上述含有残渣的离心管中，加入 3mol/L HCl 10mL，于 90℃的恒温水浴中加热 50min，并间歇振荡，然后以 4000r/min 转速离心 30min，取出上层清液，定容至 10mL，待测。

（4）有机物结合态：在上述含有残渣的离心管中，加入 0.1mol/L $K_2S_2O_8$ 10mL，于 90℃的恒温水浴中加热 2h，并间歇振荡，然后以 4000r/min 转速离心 30min，取出上层清液，定容至 10mL，待测。

（5）残渣态：取出残渣，烘干，重新研磨。以下操作同 4.1 节土壤中总硒的检测。

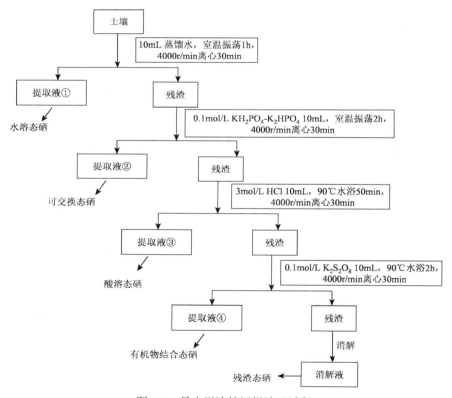

图 4-3　吴少尉连续浸提法及过程

4.3.4　五步连续浸提法——综合法 1

五步法综合了参考文献（Martens and Suarez，1996；瞿建国等，1997；吴少尉等，2004；Wang et al.，2012）中的部分方法并对其进行整合，结果如下。

研磨土样过 100 目筛，称取 2.0000g 土样于 50mL 离心管中，提取方法及过程如图 4-4 所示。

（1）水溶态：加 20mL 去离子水，25℃以 200r/min 振荡 1h，然后在 4000r/min 离心 10min，倾出上清液，定量滤纸过滤，装入样品瓶，标记为滤液 1。

（2）交换态：在步骤（1）的沉淀物中加入 KH_2PO_4-K_2HPO_4 溶液 20mL，25℃以 200r/min 振荡 2h，4000r/min 离心 10min，倾出上清液，过滤，标记为滤液 2。

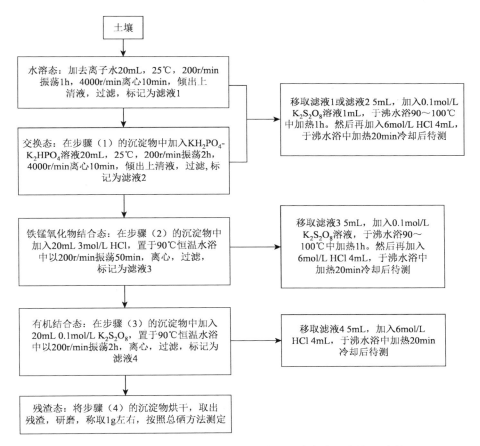

图 4-4　土壤硒形态五步连续浸提法——综合法 1 方法及过程

（3）铁锰氧化物结合态：在步骤（2）沉淀物中加入 20mL 3mol/L HCl，置于 90℃恒温水浴中以 200r/min 振荡 50min，离心，过滤，标记为滤液 3。

（4）有机物结合态：在步骤（3）沉淀物中加入 20mL 0.1mol/L $K_2S_2O_8$，置于 90℃恒温水浴中以 200r/min 振荡 2h，离心，过滤，标记为滤液 4。

（5）残渣态：将步骤（4）沉淀物烘干，取出残渣，研磨，称取 1g 左右，按照总硒方法测定。

提取液中硒含量测定：移取提取液 5mL，加入 1mL 的 0.1mol/L $K_2S_2O_8$ 溶液，于沸水浴 90～100℃中加热 1h，将 Se（IV）氧化成 Se（VI），同时除去有机质（$K_2S_2O_8$ 的提取液免除此步骤）。然后加入 6mol/L HCl 4mL（HCl 的提取液中只加入 3mL HCl）定容至 10mL，同样于沸水浴中加热 20min，再将 Se（VI）还原成 Se（IV）。冷却后用氢化物发生-原子荧光光谱法进行测定各形态 Se 含量。

4.3.5　五步连续浸提法——综合法 2

土壤硒形态采用五步连续浸提法——综合法 2 浸提。准确称取风干过筛（0.147mm）土样 2.0000g，置于 100mL 聚乙烯离心管中，按土液比 1:10 的比例逐级加入浸提液连续浸提，再分别经过恒温振荡和离心，最终分离出 5 种形态的硒，具体浸提步骤如图 4-5 所示。

（1）可溶态硒：向离心管中加入 0.25mol/L KCl 溶液 20mL，于 25℃以 200r/min 振荡 1h，于 4000r/min 离心 10min，倾出上清液，过滤，标记为滤液 1。

（2）可交换态及碳酸盐结合态：向步骤（1）的沉淀物中加入 0.7mol/L KH_2PO_4 20mL（pH 5.0）溶液，于 25℃以 200r/min 振荡 4h，4000r/min 离心 10min，倾出上清液，过滤，标记为滤液 2。

（3）铁锰氧化物结合态硒：向步骤（2）的沉淀物中加入 2.5mol/L HCl 20mL，置于 90℃恒温水浴中以 200r/min 振荡 4h，4000r/min 离心 10min，倾出上清液，过滤，标记为滤液 3，待测。

（4）有机物结合态硒：在步骤（3）的沉淀物中加入 8mL 5% $K_2S_2O_8$ 溶液和 2mL HNO_3（1:1），置于 90℃恒温水浴中以 200r/min 振荡 3h，离心 10min，倾出上清液，过滤，标记为滤液 4。

（5）残渣态硒：将步骤（4）的沉淀物烘干后按 4.1 节土壤中总硒的检测方法测定。

提取液中硒含量测定：移取滤液 1 和滤液 2 分别 5mL，加入 0.1mol/L 的 5% $K_2S_2O_8$ 溶液 1mL，于 90℃水浴中加热 1h。再加入 6mol/L HCl 4ml 于沸水浴中加热 15min，再将 Se（VI）还原成 Se（IV）。冷却后用氢化物发生-原子荧光光谱法进行测定各形态 Se 含量。滤液 3 可直接上机测定。滤液 4 加入 6mol/L HCl 5mL，于沸水浴中加热 15min 冷却后待测。

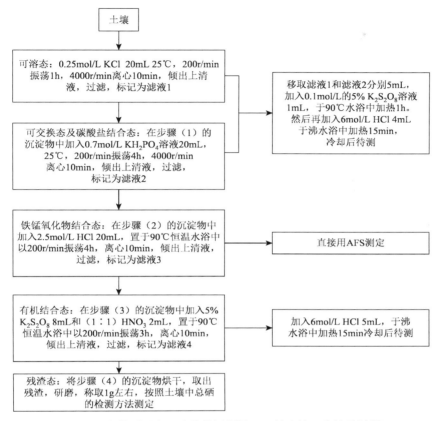

图 4-5　土壤硒形态五步连续浸提法——综合法 2 方法及过程

4.4　土壤硒化学形态分析

4.4.1　HPLC-ICP-MS 法

1）硒形态的提取

硝酸提取法（推荐）：准确称取 2.00g（精确到 0.01g）样品于 50mL 聚丙烯离心管中，加入 20mL 0.15mol/L 的硝酸溶液，密闭涡旋 30s，于 60℃恒温箱中热浸提 2.5h，此过程中每 30min 涡旋一次，待提取完毕，取出冷却至室温，于 8000r/min 的高速离心机中离心 15min，将上清液转移至 50mL 聚丙烯离心管中。向残渣中加入 10mL 硝酸溶液，重复上述操作，合并上清液，过 0.45μm 滤膜，待 HPLC- ICP-MS 测定。同时做样品空白对照试验。

甲醇/水提取：准确称取 2.00g（精确到 0.01g）样品于 50mL 聚丙烯离心管中，加入 20mL 甲醇/水（体积分数为 1：1）涡旋混匀 30s，放入槽式超声机中超声提取 20min（期间再次涡旋一次），于 8000r/min 高速离心 10min，将上清液转移至 50mL 离心管；再向残渣中加入 10mL 甲醇/水，重复上述操作，合并上清液。将提取液经减压旋转蒸发仪中 40℃旋转至干，用 2mL 去离子水复溶并将其转移至 2mL 聚乙烯离心管中，经高速离心机 15000r/min 离心 10min，收集上清液过 0.45μm 滤膜，待 HPLC-ICP-MS 测定。同时做样品空白对照试验。

2）实验条件

Waters 的 C18 反向色谱柱。

流动相为 0.2%（体积分数）1-己基-3-甲基咪唑四氟硼酸盐[HMIM]BF₄（A 相，pH 6.0）+ 0.4%（体积分数）的 1-丁基-3-甲基咪唑四氟硼酸盐[BMIM]BF₄（B 相，pH 6.0）+ 5%（体积分数）的甲醇，HPLC 的流速为 1.0mL/min，柱温为 35℃，梯度洗脱程序为：0.00～2.00min，100%A；2.01～10.00min，100%B；10.01～20.00min，100%A。

4.4.2　HPLC-HG-AFS 分析法

1）仪器和试剂

标准溶液：硒酸根溶液标准物质（GBW10033），亚硒酸根溶液标准物质（GBW10032），自中国计量科学研究院购得；硒蛋氨酸（S3875），硒胱氨酸（S1650），购自 Sigma-Aldrich 公司。

试验所用仪器联用系统由三部分组成：高效液相色谱（HPLC）、氢化物发生（HG）、原子荧光光谱（AFS）。其中 HPLC 部分包括高压泵，配有 200μL 定量环的六通进样阀，配有相同填料保护柱（25mm×213mm i.d.，12～20μm）的 PRP-X100（250mm×4.1mm i.d.，10μm）阴离子交换柱（瑞士 Hamilton 公司）；氢化物发生部分的 HCl 和 KBH₄ 由一个蠕动泵引入，生成的硒化氢在气液分离器被分离同时由氩气带入石英原子化器；检测部分是 AFS-8220 型原子荧光光度计，在仪器里使用的激发光源是高性能硒空心阴极灯，AFS-8220 型原子荧光光度计由北京吉天仪器有限公司的色谱-原子荧光联用数据采集系统软件控制。仪器最优操作条件见表 4-7。

表 4-7　HG-AFS 最优操作条件

参数名称	参数大小
还原剂	2.0%（质量分数）
载流	10%（体积分数）
负高压	300V
灯电流	80mA
载气流量	400mL/min
辅助气流量	600mL/min

续表

参数名称	参数大小
高效液相色谱	SHIMADZU
阴离子交换柱	Hamilton PRP-X100
流动相	60mmol/L(NH$_4$)$_2$HPO$_4$ pH 6.0
流速	1.0mL/min
进样体积	100μL
柱温	30℃

2）硒形态测定

（1）样品制备。称取样品 0.5g（4℃），于 10mL 离心管中，加入 10mL 1∶2 甲醇水，涡旋混匀，超声波超声 20min（20min 内至少再涡旋混匀 1 次），5000r/min 离心 15min，离心后将上清液转移至 10mL 的离心管中，再次离心 10min，取上清液于 10mL 的离心管中；低温（40℃）旋转蒸发仪去除甲醇，直至离心管中溶液小于体积的 2/3（基本去除甲醇）。取上清液，过 0.22μm 的水系滤膜，HPLC-HG-AFS 测定。本书中，流动相采用 10%甲酸溶液调 pH。

（2）标准曲线制作。标准溶液：硒酸根溶液标准物质（GBW10033），四价硒标准溶液（GBW10032），自中国标准物质网购得；硒蛋氨酸（S3875），硒胱氨酸（S1650），购自 Sigma-Aldrich 公司。

3）混标的配制

分别配制不同浓度的单标，然后取浓度为 23.635mg/L 硒胱氨酸 0.25mL，浓度为 17.732mg/L 硒蛋氨酸 0.25mL，浓度为 1.716mg/L 的四价硒 2.5mL，浓度为 1.66mg/L 的六价硒 2.5mL，定容到 25mL。得到的混标中，硒胱氨酸为 236.350μg/L，硒蛋氨酸为 177.320μg/L，四价硒为 171.60μg/L，六价硒为 166.0μg/L。按照实验的需要，可以对混标进一步稀释，分别得到如表 4-8 所示 6 组标准曲线。

表 4-8　混标配制浓度　　　（单位：μg/L）

标准曲线	1	2	3	4	5	6
S1650（硒胱氨酸）	23.635	47.270	70.905	94.540	118.175	236.350
2875（硒蛋氨酸）	17.732	35.464	53.196	70.928	88.660	177.320
四价硒	17.16	34.32	51.48	68.64	85.80	171.60
六价硒	16.6	33.2	49.8	66.4	83.0	166.0

注：数据处理采用仪器自带软件（北京吉天仪器有限公司 SA-10 形态分析软件）进行分析。

第 5 章　岩石与煤中总硒的检测分析方法

5.1　仪　　器

AFS-8220 型原子荧光光度计（北京吉天仪器有限公司）配备高性能硒空心阴极灯（波长：196.0nm，北京有色金属研究总院）用于总硒测定。

5.2　试剂和材料

实验过程中所有试剂配制用水为去离子水经石英亚沸高纯水蒸馏器（BYT-WK，金坛市晶玻实验仪器厂）蒸馏所得。所有实验所用试剂和药品从国药集团化学试剂有限公司购买。硝酸和盐酸为 MOS 级（metal-oxide-semiconductor grade），高氯酸和氢氧化钾为优级纯，氢氟酸、硫脲、抗坏血酸、硼氢化钾为分析纯。试剂、药品纯度及来源见表 5-1。

表 5-1　实验所用试剂详情

试剂	药品纯度	来源
硝酸（HNO_3）	MOS 级	北京兴青红精细化学品科技有限公司
高氯酸（$HClO_4$）	优级纯	国药集团化学试剂有限公司
盐酸（HCl）	MOS 级	北京兴青红精细化学品科技有限公司
氢氟酸（HF）	分析纯	北京市大兴华联精细化工厂
硫脲（H_2NCSNH_2）	分析纯	北京化工厂
抗坏血酸（$C_6H_8O_6$）	分析纯	国药集团化学试剂有限公司
硼氢化钾（KBH_4）	分析纯	国药集团化学试剂有限公司
氢氧化钾（KOH）	优级纯	国药集团化学试剂有限公司

溶液配制方法如下所述。

王水：1 体积浓硝酸缓慢加入 3 体积浓盐酸中，期间用玻璃棒缓缓搅动混合液。

2.5%硫脲 + 2.5%抗坏血酸：称取 2.5g 硫脲、2.5g 抗坏血酸溶于 100mL 石英亚沸水中。

0.5% KOH + 2% KBH_4：称取 5g KOH 溶于 1000mL 去离子水中，待 KOH 完全溶解后，加入 20g KBH_4，搅拌至完全溶解。

5% HCl 载液：25mL 浓 HCl 缓慢加入 300～400mL 去离子水中，定容至 500mL。以上试液均需现配现用。

硒标准储备液：1000μg/mL，中国计量科学研究院购买。

硒标准工作液：用 1.0mol/L 的 HCl 将标准储备液逐级稀释至 1mg/L、0.1mg/L。

5.3　样品预处理和消解

煤和岩石样用自来水洗去表面碎颗粒，用去离子水冲洗 3～5 次，室内风干。密封式环刀粉碎机粉碎，过 200 目筛后储存在封口塑料袋中。

称取 0.06g（称准到 0.0001g）试样于 100mL 烧杯中，加入少量水润湿。加入 10mL HNO_3、2mL $HClO_4$，盖上玻璃表面皿，放在通风橱中静置过夜。将烧杯（盖表面皿）放在电热板上低温（电热板表面温度约 180℃，蒸馏水测试烧杯内试液温度 90～100℃）消解，注意观察样品，防止样品蒸干。若烧杯中试液近干而样品没有消解完全，则取下烧杯冷却后，酌量加入 HNO_3 和 $HClO_4$，直至样品消解完全。烧杯中试液近干，烟雾从棕褐色变为白色，直至白色烟雾冒尽，烧杯中试液呈无色透明或者浅黄色透明，样品残渣呈灰白色。

从电热板上取下烧杯，冷却后加入 3mL 1∶1（体积分数）HCl 重新放到电热板上低温反应约 30min，从电热板上取下烧杯。冷却后向烧杯中加入 1mL 浓 HCl，用石英亚沸水小心冲洗表面皿和烧杯内壁 2～3 次，将混合液转移至 25mL 试管中，定容至刻度线。此试液用于测定样品中的总硒。

5.4　样　品　测　定

分别取 0.1mg/L 硒标准工作液 0.1mL、0.2mL、1mL、2mL、4mL、10mL 于 20mL 试管中，加入 2mL 浓盐酸，石英亚沸水定容至刻度线，摇匀，静置 40min 后测定。所得试液中 Se 含量分别是 0.5μg/L、1μg/L、5μg/L、10μg/L、20μg/L、50μg/L。

正确连接原子荧光仪器管路，以 2% KBH_4 为还原剂，5% HCl 为载液测定试液中的 Se 含量。测定样品前，确保机器预热 30min 以上。标准曲线法测定试液中的 Se 含量。

若试液中 Se 含量超过曲线范围，则需将样品稀释［图 5-1（a）为试液中目标物含量在标准曲线范围内，曲线呈正态分布状。图 5-1（b）和图 5-1（c）为试液中目标物含量超过曲线范围,图 5-1(b)状况下,试液需要稀释 5~10 倍;图 5-1(c)状况下,试液需要稀释 50 倍以上]。硒进行氢化反应是在反应体系 HCl 浓度为 1~6mol/L 的条件下进行的,按上述消解方法所得试液中 HCl 浓度在此范围内,但样品稀释重测时应酌量加入浓 HCl。

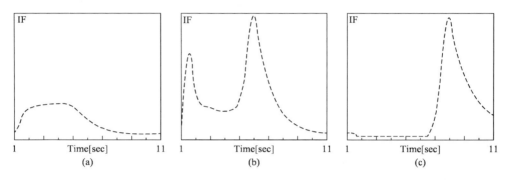

图 5-1　样品测定图

IF 为 fluorescence intensity,荧光强度

原子荧光仪器条件见表 5-2。

表 5-2　AFS-8220 仪器 Se 测定参数

参数名称	参数大小
元素	Se
负高压	285~290V
炉高	8mm
灯电流	76~80mA
载气	400mL/min
屏蔽气	1000mL/min
读数时间	11s
延迟时间	1s
测定方式	标准曲线法
读数方式	峰面积

5.5　质量保证

实验中使用的所有器皿在清洗干净后均需在 20% HNO$_3$ 溶液中浸泡 24h 以

上，使用前用去离子水冲洗干净并烘干后使用。每次测定样品用国家标准物质土壤（GBW07401、GBW07403、GBW07406）、煤（GBW11115、GBW1117）、岩石（GBW07112）检测方法的可靠性。同一个标准物质做 2 个平行样，随意抽取未知样品做平行样，对比平行样的测定结果。同时做样品空白对照试验。

第6章　肥料中硒的检测分析方法

6.1　肥料中总硒的测定

6.1.1　原子荧光光谱法

1. 方法原理

在盐酸介质中，以硼氢化钾为还原剂，使试样溶液中四价硒生成硒化氢，于氩氢火焰中原子化。硒原子蒸气吸收硒特种空心阴极灯发出的特征波长为196.0nm的辐射，被激发至高能态。激发态原子返回基态时发射出特征波长的原子荧光。在一定浓度范围内，荧光强度与试样溶液中硒的含量成正比。

2. 试剂和材料

本方法中所用试剂、水和溶液的配制，在未注明规格和配制方法时，均为优级纯。

1）试剂

①氢氧化钾溶液（5g/L）。②硼氢化钾溶液（20g/L）：称取硼氢化钾10.0g，溶于500mL氢氧化钾溶液中，混匀。③铁氰化钾溶液（20g/L）。④盐酸溶液（3%）。⑤盐酸溶液（50%）。⑥硒标准溶液1（1000μg/mL）。⑦硒标准溶液2（10μg/mL）：准确吸取10.00mL硒标准溶液1（1000μg/mL），用盐酸溶液（3%）定容至1000mL，混匀。⑧硒标准溶液3（1μg/mL）：准确吸取10.00mL硒标准溶液2（10μg/mL），用水定容至100mL，混匀。

2）仪器

①常规实验室仪器。②水平往复式振荡器或具有相同功效的振荡装置。③原子荧光光度计，附有硒编码空心阴极灯。④高纯氩气。

3. 分析步骤

1）试样的制备

固体样品经多次缩分后，取出约100g，将其迅速研磨至全部通过0.50mm孔径筛（如样品潮湿，可通过1.00mm筛子），混合均匀，置于洁净、干燥的容器中；液体样品经多次摇动后，迅速取出约100mL，置于洁净、干燥的容器中。

2）试样溶液的制备

称取试样 0.2～3.0g（精确至 0.0001g）于 250mL 容量瓶中，加水约 150mL，置于（25±5）℃振荡器内，在（180±20）r/min 的振荡频率下振荡 30min。取出后用水定容，混匀，干过滤，弃去最初几毫升滤液后，滤液待测。

3）标准曲线的绘制

分别吸取硒标准溶液 3 0mL、0.50mL、1.00mL、1.50mL、2.00mL、2.50mL 于六个 50mL 容量瓶中，加入 5mL 盐酸溶液（50%）和 1mL 铁氰化钾溶液（20g/L），用水定容，混匀。此标准系列硒的质量浓度分别为 0ng/mL、10.0ng/mL、20.0ng/mL、30.0ng/mL、40.0ng/mL、50.0ng/mL。在 25℃以上环境温度下，放置至少 40min 后，按最佳工作条件，以盐酸溶液（3%）和硼氢化钾溶液（20g/L）为载流，以硒含量为 0ng/mL 的标准溶液为参比，测定各标准溶液的荧光强度。仪器参考条件：负高压 300V；灯电流 60mA；炉高 8mm。

4）测定

先将样品溶液用水稀释 100 倍后，再吸取一定体积的上述稀释液于 50mL 容量瓶中，加入 5mL 盐酸溶液（50%）和 1mL 铁氰化钾溶液，用水定容，混匀。在 25℃以上环境下，至少放置 40min 后，在与测定系列标准溶液相同的条件下，测定其荧光强度，在工作曲线上查出相应硒的质量浓度（ng/mL）。

5）空白试验

除不加试样外，其他步骤同试样溶液的测定。

6）分析结果的表述

硒（Se）含量 ω 以质量分数（%）表示，按式（6-1）计算。

$$\omega = \frac{(\rho - \rho_0) \times D \times 250 \times 100}{m \times 10^9} \tag{6-1}$$

式中：ρ——由工作曲线查出的试样溶液中硒的质量浓度，单位为纳克每毫升（ng/mL）；

　　　ρ_0——由工作曲线查出的空白溶液中硒的质量浓度，单位为纳克每毫升（ng/mL）；

　　　D——测定时试样溶液的稀释倍数；

　　　250——试样溶液的体积，单位为毫升（mL）；

　　　m——试料的质量，单位为克（g）；

　　　10^9——将克换算成纳克的系数。

以平行测定结果的算术平均值为测定结果，结果保留到小数点后两位。

7）允许差

平行测定结果的相对误差不大于 10%。

不同实验室测定结果的相对误差不大于 30%。

当测定结果小于0.05%时，平行测定结果及不同实验室测定结果相对误差不计。

8）质量浓度的换算

液体肥料硒（Se）含量 $\rho(\text{Se})$ 以质量浓度（g/L）表示，按式（6-2）计算。

$$\rho(\text{Se}) = 10\omega\rho \qquad\qquad (6\text{-}2)$$

式中：ω——试样中硒的质量分数（%）；

ρ——液体试样的密度，单位为克每毫升（g/mL）。密度的测定按《液体肥料 密度的测定》（NY/T 887—2010）的规定执行。结果保留到小数点后一位。

6.1.2　电感耦合等离子体质谱法

1. 方法原理

试样消解液经过雾化由载气导入等离子体（ICP），在高温离子源内通过蒸发、解离、原子化、电离等过程，转化为带正电荷的离子，离子经过透镜系统到达质谱仪（MS），质谱仪根据质荷比进行分离，质谱信号强度（CPS）与进入质谱检测器的离子计数成正比，即质谱的离子计数与试样溶液中待测元素的浓度成正比，通过测量质谱的离子计数来测定样品中元素的含量与标准系列比较——内标法定量，计算出样品中待测元素的含量。

2. 试剂

除非另有说明，所用试剂均为优级纯，实验用水应符合 GB/T 6682 中规定的一级水。

①硝酸：$\varphi(\text{HNO}_3) = 65\%$，必要时进行重蒸馏或选用高纯度试剂。②过氧化氢：$\varphi(\text{H}_2\text{O}_2) = 30\%$。③硝酸溶液（2 + 98）：量取 20mL 硝酸（65%），缓慢加入 980mL 水中，混匀。④质谱调谐溶液：直接购买有证的国家标准溶液；锂（Li）、钇（Y）、铊（Tl）等混合质谱调谐溶液，质量浓度为 10μg/mL。临用前用硝酸溶液（2 + 98）稀释成浓度为 0.010μg/mL。⑤内标溶液：直接购买有证的国家标准溶液；钪（Sc）、锗（Ge）、铟（In）、铋（Bi）混合内标溶液，质量浓度为 10μg/mL。临用前用硝酸溶液（2 + 98）稀释成浓度为 1.0μg/mL。⑥硒元素标准储备液：直接购买有证的国家标准溶液；硒的质量浓度稀释成 100μg/mL。⑦硒元素标准使用液：将硒元素标准储备液用硝酸溶液（2 + 98）稀释为 10.0μg/mL。现用现配。⑧硒元素标准系列工作液：准确吸取硒元素标准使用液，用硝酸溶液（2 + 98）稀释配制成表 6-1 所列的系列工作液的浓度。

表 6-1 标准溶液配制浓度　　　　　　　　　　（单位：μg/mL）

元素	1	2	3	4	5	6
Se	0	0.010	0.020	0.040	0.100	0.200

3. 仪器与设备

①电感耦合等离子体质谱仪（ICP-MS）。②分析天平：感量 0.1mg。③微波消解仪：带聚四氟乙烯消解罐、具有控温或解压功能。④高压消解罐。⑤烘箱：控温 120℃。⑥样品粉碎设备：粉碎机等。⑦试验筛：筛孔直径为 0.45mm。⑧氩气（纯度≥99.99%）。⑨试验器皿：试验中的消解罐与玻璃器皿使用前需用硝酸（1+4）浸泡过夜，用水反复冲洗后，再用二级水洗净晾干，方可使用。

4. 分析步骤

1）试样制备和保存

称取不少于 50g 的固体试验样品，使用粉碎机等磨碎至全部通过 0.45mm 孔径的试验筛，混匀后置于洁净的容器中，保存备用。

液体试验样品，混匀后置于洁净容器中，保存备用。

2）试样消解

（1）微波消解法。称取试样 0.5～2.0g（精确至 0.0001g）置于聚四氟乙烯内罐中，加入 5～7mL 65 %硝酸，浸泡 20min，再加入 2～3mL 30%过氧化氢，放置 10min，盖上内盖，安装好保护套，将消解罐放入微波消解仪内，设置微波消解程序（试样微波消解条件参见表 6-2，微波消解时应严格按照消解罐使用说明使用），开始消解试样。消解完全结束后，取出内罐，将内罐中的消解液用水少量多次洗涤并转移至 50mL 容量瓶中，定容，混匀。同时做试剂空白测定。

表 6-2 样品消解仪参考条件

消解方式	步骤	消解温度/℃	升温时间/min	恒温时间
微波消解	1	120	5	5min
	2	150	5	10min
	3	190	5	20min
压力罐消解	1	80	—	2h
	2	120	—	2h
	3	160～170	—	4h

（2）高压消解罐消解法。称取试样 0.5～2.0g（精确至 0.0001g）置于高压消解罐中，加入 5～7mL 65%硝酸溶液，浸泡 20min，再加入 2～3mL 30%过氧化氢，放置 10min，拧上内盖，安装好消解罐外套，将消解罐放入烘箱内，烘箱温度保持 120℃（使用高压消解罐时应严格按照消解罐使用说明使用），开始消解试样。消解 180min，冷却后取出内罐，将内罐中的消解液用水少量多次洗涤并转移至 50mL 容量瓶中，定容，混匀。同时做试剂空白测定。消解条件可参考表 6-2。

3）测定

（1）仪器操作。确定测定方法、选择干扰校正方程及硒元素，使用质谱调谐溶液和引入内标溶液调整电感耦合等离子体质谱仪各项指标，使仪器灵敏度、氧化物、双电荷、分辨率等各项指标达到测定要求，仪器性能达到最佳分析状态。电感耦合等离子体质谱仪测定试样时的主要工作条件参考表6-3所列出的参考值。

表 6-3　ICP-MS 仪器测定工作条件及参考值

条件	参考值	条件	参考值
冷却气流速	15.0L/min	采样深度	6.0mm
载气流速	1.15L/min	积分时间	0.3s
射频功率	1300W	重复次数	3 次
雾化室温度	2.0℃	扫描方式	跳峰

（2）标准曲线。按浓度递增顺序依次测定标准系列工作液空白，标准系列工作溶液中待测元素的信号强度 CPS，根据选取的同位素质量数、内标元素及其质量数，依据标准系列，输入浓度值，绘制标准曲线、计算回归方程［注：校准（工作）曲线，标准系列回归曲线的线性相关系数应不小于 0.998］。

（3）试样测定。分别进行测定试剂空白消解液、试样消解液和试样消解后的稀释液中待测元素的信号强度 CPS，根据标准曲线回归方程自动得出试样中待测元素的质量浓度。

5. 结果计算

试样中硒元素的含量按式（6-3）进行计算。

$$\chi = \frac{(c - c_0) \times v \times f \times 1000}{m \times 1000} \quad\quad (6\text{-}3)$$

式中：χ——试样中待测元素的含量，单位为毫克每千克（mg/kg）；

c——试样消解溶液中待测元素的浓度，单位为微克每毫升（μg/mL）；

c_0——试剂空白消解溶液中待测元素的浓度，单位为微克每毫升（μg/mL）；

v——试样消解溶液的定容体积，单位为毫升（mL）；

　　f——试样消解溶液的稀释倍数；

　　m——试样质量，单位为克（g）。

取平行测定结果的算术平均值为测定结果，计算结果保留三位有效数字。

6. 精密度

（1）元素含量小于 0.1mg/kg 时，在重复性条件下获得的两次独立测定结果的绝对差值不得超过算术平均值的 30%，以大于这两个测定值的算术平均值的 30% 情况不超过 5% 为前提。

（2）元素含量在 0.1～1.0mg/kg 时，在重复性条件下获得的两次独立测定结果的绝对差值不得超过算术平均值的 20%，以大于这两个测定值的算术平均值的 20% 情况不超过 5% 为前提。

（3）元素含量大于 1.0mg/kg 时，在重复性条件下获得的两次独立测定结果的绝对差值不得超过算术平均值的 10%，以大于这两个测定值的算术平均值的 10% 情况不超过 5% 为前提。

7. 其他

样品以 0.5g 定容体积至 50mL 计算，电感耦合等离子体质谱法的硒元素的检出限为 0.02mg/kg。

测定元素、分析物质量数、内标元素及其质量数见表 6-4。

表 6-4　测定元素分析物质量数、内标元素及其质量数

元素名称	分析物质量数	内标元素	内标元素质量数
Se	82	Ge	72

第7章 气体中硒的检测分析方法

图 7-1 CA-1516A 大气
重金属在线分析仪

7.1 气溶胶中总硒含量的检测

7.1.1 在线分析气溶胶中总硒含量

CA-1516A 大气重金属在线分析仪（图 7-1）采用 X 射线荧光光谱原理测量大气气溶胶中重金属元素的含量，主要技术指标如表 7-1 所示。整套仪器包括大气颗粒物富集系统（采样装置、加热装置、流量测量装置）、卷膜系统（滤膜卷、滤膜运动电机）、X 射线荧光（XRF）分析测试系统（X 射线管、数字多道分析器、算法分析软件）、显示控制系统（采样控制、卷膜运动、XRF 检测、流量记录与控制、浓度计算、结果显示等）。

表 7-1 CA-1516A 大气重金属在线分析仪主要技术指标

序号	检测项目	性能指标
1	检测元素	Pb（铅）、As（砷）、Hg（汞），可根据用户需求扩展检测的元素包括 K（钾）、Ca（钙）、Sc（钪）、Ti（钛）、V（钒）、Cr（铬）、Mn（锰）、Fe（铁）、Co（钴）、Ni（镍）、Cu（铜）、Zn（锌）、Ga（镓）、Ge（锗）、Se（硒）、Br（溴）、Sr（锶）、Mo（钼）、Pd（钯）、Ag（银）、Cd（镉）、Sn（锡）、Sb（锑）、Te（碲）、Ba（钡）、Pt（铂）、Au（金）、Tl（铊）、Bi（铋）32 种元素
2	测量范围	$0 \sim 200\mu g/m^3$
3	检出限	$5ng/m^3$（Pb）
4	采样流量	$0 \sim 20L/min$，可调节
5	采样时间	$10 \sim 1440min$，可自行设定

7.1.2 大气主动采样-微孔滤膜-原子荧光光谱法测定气溶胶中总硒含量

参考中华人民共和国国家职业卫生标准《工作场所空气有毒物质测定第 53 部

分：硒及其化合物》（GBZ/T 300.53—2017）中的 4　硒及其化合物的酸消解-原子荧光光谱法。

1. 原理

空气中气溶胶态硒及其化合物用微孔滤膜采集，经酸加热消解后，在盐酸介质中，将样品中的六价硒还原成四价硒，用硼氢化钠或硼氢化钾作还原剂，将四价硒在盐酸介质中还原成硒化氢（H_2Se），由载气（氩气）带入原子化器中进行原子化，在硒空心阴极灯照射下，基态硒原子被激发至高能态，在去活化回到基态时，发射出特征波长的荧光，其荧光强度与硒含量成正比，与标准系列比较后定量。

2. 样品的分析

1）试剂

①硝酸（优级纯）。②高氯酸（优级纯）。③盐酸（优级纯）。④硝酸＋高氯酸（4＋1）混合酸。⑤氢氧化钠（优级纯）。⑥硼氢化钠（10g/L）溶液：称取 10.0g 硼氢化钠（$NaBH_4$），溶于氢氧化钠溶液（2g/L）中，然后定容至 1000mL，摇匀，备用。⑦盐酸（5%）：移取浓盐酸 100mL，定容至 2000mL，摇匀，备用。⑧硒标准储备液：1000mg/L。⑨硒标准应用液：根据样品硒含量范围，用硒标准储备液配制成所需的浓度。

2）仪器及设备

原子荧光光度计（北京吉天仪器有限公司，AFS-9230）；电热板（240℃）。

3）分析步骤

（1）仪器清洗。50mL 锥形瓶、25mL 比色管、AFS 进样管、歪颈漏斗等用自来水初步清洗 3 次，用 15.2MΩ 的纯水超声 10～15min，用 20% HCl 浸泡过夜（6h 以上），取出后用 15.2MΩ 的纯水超声 10～15min，然后依次用 15.2MΩ 和 18.2MΩ 的水各清洗 3 遍，锥形瓶等玻璃器皿置于烘箱，120℃烘干，备用。

（2）冷消解。将微孔滤膜样品放入锥形瓶，然后向锥形瓶中加入 8mL 浓硝酸、2mL 高氯酸，摇匀，加上歪颈漏斗，冷消解过夜（6h 以上）。

（3）热消解。将锥形瓶放在电热板上依次加热：100℃1h，120℃2h，180℃1h，210℃至刚冒高氯酸白烟（与水汽有明显区别，白烟呈卷曲状上升），取下冷却。待溶液冷却后向锥形瓶内加入 5mL 浓盐酸，摇匀后加盖放置反应 3h 以上。将锥形瓶内的溶液转移至 25mL 比色管内，用 18.2MΩ 水冲洗歪颈漏斗 1 遍、锥形瓶 3 遍，洗液也转移到比色管中，最后用 18.2MΩ 水定容至刻度线。

（4）工作曲线。吸取 1g/L 硒标准母液 0.5mL，用 5% HCl 定容至 50mL 容量瓶，得到 10mg/L 的一次稀释液。吸取 0.5mL 一次稀释液（10mg/L），用 5%HCl 定容至 50mL 容量瓶，得到 100μg/L 的二次稀释液。标液浓度选择视样品中硒的大概浓度而定，利用二次稀释液稀释成所需的浓度系列，做 5 个点以上的工作曲线。

（5）测定仪器参考条件。负高压，270V；灯电流，80mA；原子化温度，800℃；炉高，8mm；载气流速，400mL/min；屏蔽气流速，800mL/min；测量方式，标准曲线法；读数方式，峰面积；延迟时间，1s；读数时间，7s。

3. 结果计算

分析结果的表述见式（7-1）。

$$\chi = \frac{(c - c_0) \times 25}{v_0} \tag{7-1}$$

式中：χ——试样中硒的含量，单位为微克每升（μg/L）；

c——试样消解液测定的浓度，单位为微克每毫升（μg/mL）；

c_0——试样空白消解液测定浓度，单位为微克每毫升（μg/mL）；

25——试样消解液总体积为 25mL，单位为毫升（mL）；

v_0——标准采样体积，单位为升（L）。

精密度：在重复条件下获得的两次独立测定结果的绝对差值不得超过算术平均值的 10%。方法加标回收率：加标回收率为 85%～120%。

7.1.3 大气主动采样-微孔滤膜-原子吸收光谱法测定气溶胶中总硒含量

参考中华人民共和国国家职业卫生标准《工作场所空气有毒物质测定第 53 部分：硒及其化合物》（GBZ/T 300.53—2017）中的 6　硒及其化合物的酸消解-氢化物发生-原子吸收光谱法。

1. 原理

空气中气溶胶态硒及其化合物用微孔滤膜采集，经酸加热消解后，在盐酸介质中，将样品中的六价硒还原成四价硒，用硼氢化钠或硼氢化钾作还原剂，将四价硒在盐酸介质中的氢化物发生器内还原成硒化氢（H_2Se），由载气（氩气）带入原子化器中进行原子化，生成的硒基态原子吸收 196.0nm 波长，测量其吸光度，进行定量。

2. 样品的采集

（1）将微孔滤膜（孔径 0.8μm）安装在大气主动采样装置上（空气采样器，流量范围为 0～2L/min 和 0～10L/min）。

（2）短时间采样：在采样点，用装好微孔滤膜的大采样夹（滤料直径为 37mm 或 40mm），以 3.0L/min 流量采集 15min 空气样品。

（3）长时间采样：在采样点，用装好微孔滤膜小采样夹（滤料直径为 25mm），以 1.0L/min 流量采集 2～8h 空气样品。

（4）采样后，打开采样夹，取出滤膜，接尘面朝里对折两次，放入清洁的塑料袋或纸袋中，置清洁容器内运输和保存。样品在室温下可长期保存。

（5）样品空白：在采样点，打开装好微孔滤膜的采样夹，立即取出滤膜，放入清洁的塑料袋或纸袋中，然后与样品一起运输、保存和测定。每批次样品不少于 2 个样品空白。

3. 样品的分析

1）试剂

①硝酸（优级纯）。②高氯酸（优级纯）。③盐酸（优级纯）。④硝酸＋高氯酸（4＋1）混合酸。⑤氢氧化钠（优级纯）。⑥硼氢化钠（10g/L）溶液：称取 10.0g 硼氢化钠（$NaBH_4$），溶于氢氧化钠溶液（2g/L）中，然后定容至 1000mL，摇匀，备用。⑦盐酸（5%）：移取浓盐酸 100mL，定容至 2000mL，摇匀，备用。⑧硒标准储备液：1000mg/L。⑨硒标准应用液：根据样品硒含量范围，用硒标准储备液配制成所需的浓度。

2）仪器及设备

原子荧光光度计（北京吉天仪器有限公司，AFS-9230）；电热板（240℃）。

3）分析步骤

（1）仪器清洗。50mL 锥形瓶、25mL 比色管、AFS 进样管、歪颈漏斗等用自来水初步清洗 3 次，用 15.2MΩ 的纯水超声 10～15min，用 20% HCl 浸泡过夜（6h 以上），取出后用 15.2MΩ 的纯水超声 10～15min，然后依次用 15.2MΩ 和 18.2MΩ 的水各清洗 3 遍，锥形瓶等玻璃器皿置于烘箱，120℃烘干，备用。

（2）冷消解。将微孔滤膜样品放入锥形瓶，然后向锥形瓶中加入 8mL 浓硝酸、2mL 高氯酸，摇匀，加上歪颈漏斗，冷消解过夜（6h 以上）。

（3）热消解。将锥形瓶放在电热板上依次加热：100℃1h，120℃2h，180℃1h，210℃至刚冒高氯酸白烟（与水气有明显区别，白烟呈卷曲状上升），取下冷却。待溶液冷却后向锥形瓶内加入 5mL 浓盐酸，摇匀后加盖放置反应 3h 以上。将锥形瓶内的溶液转移至 25mL 比色管内，用 18.2MΩ 水冲洗歪颈漏斗 1 遍、锥形瓶 3 遍，洗液也转移到比色管中，最后用 18.2MΩ 水定容至刻度线。

（4）工作曲线。吸取 1g/L 硒标准母液 0.5mL，用 5% HCl 定容至 50mL 容量瓶，得到 10mg/L 的一次稀释液。吸取 0.5mL 一次稀释液（10mg/L），用 5% HCl 定容至 50mL 容量瓶，得到 100μg/L 的二次稀释液。标液浓度选择视样品中硒的大概浓度而定，利用二次稀释液稀释成所需的浓度系列，做 5 个点以上的工作曲线。按原子吸收分光光度计（具氢化物发生装置、石英原子化器和硒空心阴极灯）仪器说明书连接好氢化物发生器和石英原子化器，将原子吸收分光光度计调节至最佳测定状态；取 5.0mL 工作系列溶液放入反应瓶中，盖好瓶塞，加入 1mL 硼氢化钠（或硼氢化钾）溶液；5s 后，以 0.8L/min 流量的载气将生成的硒化氢通入用乙炔-空气火焰加热的石英原子化器中；在 196.0nm 波长下，分别测定工作系列各浓度的吸光度。以测得的吸光度对相应的硒浓度（μg/mL）绘制工作曲线或计算回归方程，其相关系数应≥0.999。

4. 结果计算

分析结果的表述见式（7-2）。

$$\chi = \frac{(c - c_0) \times 25}{v_0} \tag{7-2}$$

式中：χ——试样中硒的含量，单位为微克每升（μg/L）；

c——试样消解液测定的浓度，单位为微克每毫升（μg/mL）；

c_0——试样空白消解液测定浓度，单位为微克每毫升（μg/mL）；

25——试样消解液总体积为 25mL，单位为毫升（mL）；

v_0——标准采样体积，单位为升（L）。

精密度：在重复条件下获得的两次独立测定结果的绝对差值不得超过算术平均值的 10%。方法加标回收率：加标回收率为 85%～120%。

7.2　气体中硒形态的检测

7.2.1　原理

空气中的气态硒化氢用装有氢氧化钠溶液的多孔玻板吸收管采集，消解生成硒离子后，再被还原成硒化氢，在原子荧光光度计的原子化器中，生成的硒基态原子吸收 196.0nm 波长，发射出原子荧光，测定原子荧光强度，进行定量。

7.2.2　自制硒化氢吸收装置

在采样点，用装有 10.0mL 氢氧化钠溶液（0.1mol/L）的多孔玻板吸收管，以 500mL/min 流量采集≥15min 空气样品。采样后，立即封闭吸收管的进出气口，置清洁容器中运输和保存。样品应在 24h 内测定。同时，在采样点，打开装有 10.0mL 氢氧化钠溶液（0.1mol/L）多孔玻板吸收管的进出气口，并立即封闭，然后与样品一起运输、保存和测定，作为采样点的空白对照样品。每批次样品不少于 2 个样品空白。

7.2.3 硒化氢含量的检测

1. 试剂

①硝酸（优级纯）。②高氯酸（优级纯）。③盐酸（优级纯）。④硝酸＋高氯酸（4＋1）混合酸。⑤氢氧化钠（优级纯）。⑥硼氢化钠（10g/L）溶液：称取 10.0g 硼氢化钠（$NaBH_4$），溶于氢氧化钠溶液（2g/L）中，然后定容至 1000mL，摇匀，备用。⑦盐酸（5%）：移取浓盐酸 100mL，定容至 2000mL，摇匀，备用。⑧硒标准储备液，1000mg/L。⑨硒标准应用液：根据样品硒含量范围，用硒标准储备液配制成所需的浓度。

2. 仪器及设备

原子荧光光度计（北京吉天仪器有限公司，AFS-9230）；电热板（240℃）。

3. 分析步骤

（1）仪器清洗。50mL 锥形瓶、25mL 比色管、AFS 进样管、歪颈漏斗等用自来水初步清洗 3 次，用 15.2MΩ 的纯水超声 10~15min，用 20% HCl 浸泡过夜（6h 以上），取出后用 15.2MΩ 的纯水超声 10~15min，然后依次用 15.2MΩ 和 18.2MΩ 的水各清洗 3 遍，锥形瓶等玻璃器皿置于烘箱，120℃烘干，备用。

（2）冷消解。用吸收管中的样品溶液洗涤进气管内壁 3 次后，取 5.0mL 置于锥形瓶中，向锥形瓶中加入 8mL 浓硝酸、2mL 高氯酸，摇匀，加上歪颈漏斗，冷消解过夜（6h 以上）。

（3）热消解。将锥形瓶放在电热板上依次加热：100℃1h，120℃2h，180℃1h，210℃至刚冒高氯酸白烟（与水汽有明显区别，白烟呈卷曲状上升），取下冷却。待溶液冷却后向锥形瓶内加入 5mL 浓盐酸，摇匀后加盖放置反应 3h 以上。将锥形瓶内的溶液转移至 25mL 比色管内，用 18.2MΩ 水冲洗歪颈漏斗 1 遍、锥形瓶 3 遍，洗液也转移到比色管中，最后用 18.2MΩ 水定容至刻度线。

（4）工作曲线。吸取 1g/L 硒标准母液 0.5mL，用 5% HCl 定容至 50mL 容量瓶，得到 10mg/L 的一次稀释液。吸取 0.5mL 一次稀释液（10mg/L），用 5% HCl 定容至 50mL 容量瓶，得到 100μg/L 的二次稀释液。标液浓度选择视样品中硒的大概浓度而定，利用二次稀释液稀释成所需的浓度系列，做 5 个点以上的工作曲线。

（5）测定仪器参考条件。负高压，270V；灯电流，80mA；原子化温度，800℃；

炉高，8mm；载气流速，400mL/min；屏蔽气流速，800mL/min；测量方式，标准曲线法；读数方式，峰面积；延迟时间，1s；读数时间，7s。

4. 结果计算

分析结果的表述见式（7-3）。

$$\chi = \frac{(c - c_0) \times 25}{v_0}$$　　　　　　　　　（7-3）

式中：χ——试样中硒的含量，单位为微克每升（μg/L）；

c——试样消解液测定的浓度，单位为微克每毫升（μg/mL）；

c_0——试样空白消解液测定浓度，单位为微克每毫升（μg/mL）；

25——试样消解液总体积为 25mL，单位为毫升（mL）；

v_0——标准采样体积，单位为升（L）。

精密度：在重复条件下获得的两次独立测定结果的绝对差值不得超过算术平均值的 10%。方法加标回收率：加标回收率为 85%～120%。

第8章 植物中硒的检测分析方法

8.1 植物中总硒的检测分析方法

8.1.1 原子荧光光谱法

原子荧光光谱法参考张玲金等（2004）的方法。

1. 粉末状植物样品的消解

准确称取 0.1~0.5g 粉末状样品于微波消解的聚四氟乙烯内衬罐中，加入少许水湿润样品，然后加入 5mL 浓 HNO₃ 和 1mL H₂O₂，同时进行两份试剂空白溶液的消解。消化完毕后取出冷却置于赶酸架上，再加 5.0mL 盐酸，继续加热至溶液变为清亮无色并伴有白烟出现，将六价硒还原成四价硒。经微波消解后得到的无色澄清的样品溶液转入 25mL 比色管中，定容。

2. 原理

试样经酸加热消化后，在盐酸介质中，将试样中的六价硒还原成四价硒，用硼氢化钠或硼氢化钾作还原剂，将四价硒在盐酸介质中还原成硒化氢（H₂Se），由载气（氩气）带入原子化器中进行原子化，在硒空心阴极灯照射下，基态硒原子被激发至高能态，在去活化回到基态时，发射出特征波长的荧光，其荧光强度与硒含量成正比。与标准系列比较定量。

3. 仪器

植物总硒使用 AFS-9130 原子荧光光度计（北京吉天仪器有限公司）进行测定，仪器条件设置如下：光电倍增管负高压为 340V，原子化器高度为 8mm，灯电流为 100mA，载气流量为 500mL/min，屏蔽气流量为 1000mL/min，测定方式为标准曲线法，读数方式为峰面积，分析单位为 μg/L。

4. 试剂

①硝酸，优级纯。②盐酸，优级纯。③氢氧化钠，优级纯。④硼氢化钾溶液（8g/L）：称取 8.0g 硼氢化钾（KBH₄），溶于氢氧化钾溶液（5g/L）中，然后定容

至 1000mL，混匀。⑤铁氰化钾（100g/L）：称取 10.0g 铁氰化钾[K₃Fe(CN)₆]，溶于 100mL 水中，混匀。

5. 计算公式

计算公式如式（8-1）所示。

$$\chi = \frac{c \times v \times 分取倍数 \times 10^{-3}}{m_{样品}} \tag{8-1}$$

式中：χ——样品硒含量，单位为毫克每千克（mg/kg）；

c——上机测定值，单位为微克每升（μg/L）；

v——上机体积，单位为毫升（mL）；

分取倍数——$v_{定容体积}/v_{上机体积}$；

$m_{样品}$——称取植物样品质量，单位为克（g）。

8.2　植物中无机硒、硒代氨基酸的检测分析方法

植物中硒形态的分析方法参考李娜（2011）中的内容。

8.2.1　高效液相色谱-电感耦合等离子体质谱联用法

高效液相色谱-电感耦合等离子体质谱（HPLC-ICP-MS）联用法参考了程建中（2012）和米秀博等（2014）的方法。

1. 样品前处理

酶提取法：取样品粉末 0.1g 放入 15mL 离心管中，20mg 链霉蛋白酶 E 溶于 3mL 超纯水后，加入离心管，37℃超声提取 30min。上述提取完成后，14000r/min 离心 30min，取上清液，过 0.22μm 滤膜（过滤两次），通过 HPLC-ICP-MS 联用技术进行定量测定，同时做标准品处理。以采集图谱中所示样品各形态对用峰面积计算植物硒形态的含量。

样品各硒形态含量计算公式：

样品各形态硒浓度(mg/kg) = (样品溶液各硒形态×0.001×稀释倍数)/称样量

2. 仪器条件

①色谱系统 1，采用 Waters C18（150mm×4.6mm×5μm）柱，20mmol/L 乙酸铵-甲醇（95:5）作为流动相，进样量 20μL，流速为 1.0mL/min。②色谱系统 2，采用 Hamilton PRP-X100（250mm×4.1mm×10μm）阴离子柱（前加预保护），5mmol/L

柠檬酸（pH 4.72）作为流动相，进样量 50μL，流速为 1.0mL/min。HPLC 及 ICP-MS 工作参数见表 8-1。

表 8-1　HPLC 及 ICP-MS 工作参数

模式/系统	参数	工作条件
ICP-MS	射频功率	1300W
	冷却气流速	13.0L/min
	辅助气流速	0.8L/min
	采样深度	157mm
	驻留时间	20s
	测量同位素	^{78}Se
碰撞反应池模式	氢氦混合气组成	8%
	氢氦混合气流速	6.95mL/min
HPLC	系统 1	
	色谱柱	Waters C18（150mm×4.6mm×5μm）
	流动相	20mmol/L 乙酸铵-甲醇（95∶5）
	流速	1.0mL/min
	进样量	20μL
	系统 2	
	色谱柱	Hamilton PRP-X100（250mm×4.1mm×10μm）
	流动相	5mmol/L 柠檬酸（pH 4.72）
	流速	1.0mL/min
	进样量	50μL

3. 硒标准品

Se 元素标准溶液：浓度 100mg/L，用 3% HNO$_3$ 配制成含 Se 元素为 1.0μg/L、5.0μg/L、10.0μg/L、20.0μg/L 的标准溶液。

硒标准品：亚硒酸盐［Se（Ⅳ），Na$_2$SeO$_3$，纯度≥98%］、硒酸盐［Se（Ⅵ），Na$_2$SeO$_4$，纯度≥98%］、硒代胱氨酸（SeCys$_2$，纯度≥98%）、甲基硒代半胱氨酸（MeSeCys，纯度≥98%）、硒代蛋氨酸（SeMet，纯度≥98%）；用 0.1mol/L HCl 稀释配制成 1mg/L 的单标和混标标准储备液，4℃保存。

8.3　植物中其他形态硒的检测分析方法

8.3.1　硒脲

植物中硒脲（SeUr）的检测使用高效液相色谱-电感耦合等离子体质谱联用法，参考李登科等（2016）的方法。

1. 样品前处理

称取粉末状样品 1.000g，加入 0.1mol/L 的 HCl，超声萃取 30min 后移至离心管中，在 3500r/min 条件下离心 20min，取上层清液过 0.45μm 纤维素滤膜，待 HPLC-ICP-MS 分析。

样品各硒形态含量计算公式：

样品各形态硒浓度(mg/kg) = (样品溶液各硒形态×0.001×稀释倍数)/称样量

2. 仪器条件

HPLC 条件：保护柱（填料为苯乙烯-二乙烯基苯聚合物，瑞士 Hamilton 公司）；硒形态分析柱（Hamilton PRP X-100 阴离子交换柱）；流动相为 20mmol/L 柠檬酸溶液，用氨水调节 pH = 7.0，流速 1.2mL/min，进样体积 100μL。

ICP-MS 条件：RF 射频功率 1550W，RF 匹配电压 1.8V；同心雾化器，载气为高纯度氩气，等离子体气流速 15.0L/min，载气流速 1.02L/min，He 碰撞模式，碰撞气流速 0.90L/min；蠕动泵转速 0.36r/s；采样深度 8mm；检测质量数 $m/z = 78$（Se），停留时间为 0.5s。

3. 硒标准品

Se 元素标准溶液：浓度 100mg/L，用 3% HNO_3 配制成含 Se 元素为 1.0μg/L、5.0μg/L、10.0μg/L、20.0μg/L 的标准溶液。

硒标准品：硒脲（SeUr，纯度≥98%）。

8.3.2 二甲基硒、二甲基二硒

顶空单滴液相微萃取与气相色谱-质谱（HS-SDME-GC-MS）联用方法（熊珺和覃毅磊，2016）。

1. 样品前处理

称取样品 1.000g，加入超纯水定容至 15mL 的容量瓶中，置于超声仪中超声 10min 后，将样品溶液在室温 25℃恒温 30min，将 1.5cm 长的搅拌磁子放入 20mL 的顶空瓶中，并移入 15mL 的样品溶液，用特氟龙/硅胶镉垫密封，铝盖封口并用压盖器盖紧，放置于磁力搅拌器上。用微量进样器取 3μL 的萃取溶剂后，其针头刺穿瓶盖内密封的镉垫，并将针尖置于工作溶液液面中心处上方约 1.0cm 处，微量进样器用夹子固定，然后将 3μL 萃取溶剂慢慢推出，在针尖形成微滴。开启磁力搅拌器，在室温下萃取 5min 后，将悬挂在针尖微滴抽回，取 1μL 直接注入质谱联用仪（GC-MS）进行分离检测。

2. 计算公式

样品各形态硒浓度(mg/kg) = (样品溶液各硒形态×0.001×稀释倍数)/称样量

3. 仪器工作条件

质谱联用仪：石英毛细管柱；升温程序为初温 50℃，以 10℃/min 升至 150℃ 保持 1min，以 20℃/min 升至 240℃ 保持 3min；进样口温度为 250℃；传输线温度 280℃；载气为高纯氦；恒流模式下柱流量为 1.1mL/min；进样方式为不分流进样，进样量为 1.0μL。电离模式：电子轰击源，能量为 70eV；离子温度为 200℃；溶液延迟为 3.5min。

扫描方式：采用全扫描和选择离子同时采集的扫描模式，二甲基硒特征离子为 m/z 80、91、95 和 110。选择不同的离子通道，以 m/z 95 作为 DMSe 定量鉴别离子，以 m/z 80、91 和 110 作为 DMSe 定性鉴别离子。二甲基二硒特征离子为 m/z 93、109、160、175 和 190。选择不同的离子通道，以 m/z 190 作为 DMDSe 定量鉴别离子，以 m/z 93、109、160 和 175 作为 DMDSe 定性鉴别离子。

4. 硒的标准品

二甲基硒（DMSe，纯度≥98%），二甲基二硒（DMDSe，纯度≥98%），分别称取一定量的标准品以甲醇溶解并定容，配制成 10mg/mL 标准储备液，避光冷藏保存。工作溶液由标准储备液稀释至所需要的浓度，现配现用。

第9章 食用菌中硒的检测分析方法

9.1 食用菌中总硒的检测分析方法

9.1.1 氢化物原子荧光光谱法[①]

1. 试样消解

1）湿法消解

称取固体试样 0.5～3.0g（精确至 0.001g）或准确移取液体试样 1.00～5.00mL，置于锥形瓶中，加 10mL 硝酸-高氯酸混合酸（9＋1）及几粒玻璃珠，盖上表面皿冷消化过夜。次日于电热板上加热，并及时补加硝酸。当溶液变为清亮无色并伴有白烟产生时，再继续加热至剩余体积为 2mL 左右，切不可蒸干。冷却，再加 5mL 盐酸溶液（6mol/L），继续加热至溶液变为清亮无色并伴有白烟出现。冷却后转移至 10mL 容量瓶中，加入 2.5mL 铁氰化钾溶液（100g/L），用水定容，混匀待测。同时做试剂空白试验。

2）微波消解

称取固体试样 0.2～0.8g（精确至 0.001g）或准确移取液体试样 1.00～3.00mL，置于消化管中，加 10mL 硝酸、2mL 过氧化氢，振摇混合均匀，于微波消解仪中消化。消解结束待冷却后，将消化液转入锥形烧瓶中，加几粒玻璃珠，在电热板上继续加热至近干，切不可蒸干。再加 5mL 盐酸溶液（6mol/L），继续加热至溶液变为清亮无色并伴有白烟出现，冷却，转移至 10mL 容量瓶中，加入 2.5mL 铁氰化钾溶液（100g/L），用水定容，混匀待测。同时做试剂空白试验。

2. 测定

1）仪器参考条件

根据各仪器性能调至最佳状态。参考条件为：负高压，340V；灯电流，100mA；原子化温度，800℃；炉高，8mm；载气流速，500mL/min；屏蔽气流速，1000mL/min；测量方式，标准曲线法；读数方式，峰面积；延迟时间，1s；读数时间，15s；加液时间，8s；进样体积，2mL。

---

① 本部分参考附录 1《食品安全国家标准 食品中硒的测定》（GB 5009.93—2017）。

2）标准曲线的制作

以盐酸溶液（5 + 95）为载流，硼氢化钠碱溶液（8g/L）为还原剂，连续用标准系列的零管进样，待读数稳定之后，将硒标准系列溶液按质量浓度由低到高的顺序分别导入仪器，测定其荧光强度，以质量浓度为横坐标，荧光强度为纵坐标，制作标准曲线。

3）试样测定

在与测定标准系列溶液相同的实验条件下，将空白溶液和试样溶液分别导入仪器，测其荧光值强度，与标准系列比较定量。

3. 分析结果的表述

试样中硒的含量按式（9-1）计算。

$$\chi = \frac{(\rho - \rho_0) \times v}{m \times 1000} \tag{9-1}$$

式中：χ——试样中硒的含量，单位为毫克每千克或毫克每升（mg/kg 或 mg/L）；

ρ——试样溶液中硒的质量浓度，单位为微克每升（μg/L）；

ρ_0——空白溶液中硒的质量浓度，单位为微克每升（μg/L）；

v——试样消化液总体积，单位为毫升（mL）；

m——试样称样量或移取体积，单位为克或毫升（g 或 mL）；

1000——以微克为单位的质量数值换算为以毫克为单位的质量数值的换算系数。

当硒含量≥1.00mg/kg（或 mg/L）时，计算结果保留三位有效数字；当硒含量<1.00mg/kg（或 mg/L）时，计算结果保留两位有效数字。

9.1.2　荧光分光光度法

1. 试样消解

准确称取 0.5～3.0g（精确至 0.001g）固体试样，或准确吸取液体试样 1.00～5.00mL，置于锥形瓶中，加 10mL 硝酸-高氯酸混合酸（9 + 1）及几粒玻璃珠，盖上表面皿冷消化过夜。次日于电热板上加热，并及时补加硝酸。当溶液变为清亮无色并伴有白烟产生时，再继续加热至剩余体积 2mL 左右，切不可蒸干，冷却后再加 5mL 盐酸溶液（6mol/L），继续加热至溶液变为清亮无色并伴有白烟出现，再继续加热至剩余体积 2mL 左右，冷却。同时做试剂空白试验。

2. 测定

1）仪器参考条件

根据各自仪器性能调至最佳状态。参考条件为：激发光波长 376nm、发射光波长 520nm。

2）标准曲线的制作

将硒标准系列溶液按质量由低到高的顺序分别上机测定 4,5-苯并芘硒脑的荧光强度。以质量为横坐标、荧光强度为纵坐标，制作标准曲线。

3）试样溶液的测定

将消化后的试样溶液以及空白溶液加盐酸溶液（1＋9）至 5mL 后，加入 20mL EDTA 混合液，用氨水溶液（1＋1）及盐酸溶液（1＋9）调至淡红橙色（pH 1.5～2.0）。以下步骤在暗室操作：加 DAN 试剂（1g/L）3mL，混匀后，置沸水浴中加热 5min，取出冷却后，加环己烷 3mL，振摇 4min，将全部溶液移入分液漏斗，待分层后弃去水层，小心将环己烷层由分液漏斗上口倾入带盖试管中，勿使环己烷中混入水滴，待测。

3. 分析结果的表述

试样中硒的含量按式（9-2）计算。

$$\chi = \frac{m_1}{F_1 - F_0} \times \frac{F_2 - F_0}{m} \tag{9-2}$$

式中：χ——试样中硒含量，单位为毫克每千克或毫克每升（mg/kg 或 mg/L）；

m_1——试样管中硒的质量，单位为微克（μg）；

F_1——标准管硒荧光读数；

F_0——空白管荧光读数；

F_2——试样管荧光读数；

m——试样称样量或移取体积，单位为克或毫升（g 或 mL）。

当硒含量≥1.00mg/kg（或 mg/L）时，计算结果保留三位有效数字；当硒含量＜1.00mg/kg（或 mg/L）时，计算结果保留两位有效数字。

9.1.3　电感耦合等离子体质谱法（ICP-MS）

见《食品安全国家标准 食品中多元素的测定》（GB 5009.268—2016）。

9.2　食用菌中硒形态的检测方法

采用高效液相色谱-电感耦合等离子体质谱联用法（王丙涛等，2011）。

9.2.1　样品前处理

1. 酸提取

食用菌洗净后直接粉碎，称取 1.0g 均质样品，加入 5mmol/L 的柠檬酸溶液 20mL，70℃恒温水浴振荡过夜，3000r/min 离心，过 0.45μm 滤膜，待测。同样方法做试剂空白试验。

2. 酶水解提取

同上将样品粉碎后，称取 1.0g 均质样品，加入 20mg 蛋白酶 K，再加入 20mL 水，37℃水浴振荡 4h，3000r/min 离心，过 0.45μm 滤膜，待测。同样方法做试剂空试验。

9.2.2　实验仪器及试剂

1）仪器

Waters 2695 高效液相色谱仪，美国；X Series 2 电感耦合等离子体质谱仪，Thermofisher，美国。

2）试剂

①柠檬酸，分析纯。②蛋白酶 K，Sigma-Aldrich 公司。③硒酸根标准溶液（GBW10033）、亚硒酸根标准溶液（GBW10032），中国计量科学研究院。④硒代蛋氨酸（纯度＞99%）和硒代胱氨酸（纯度＞98%），Acros Organics 公司。⑤硒代乙硫氨酸（纯度＞98%），TRC 公司。⑥SeMet 用去离子水溶液配制成 100mg/L 的标准储备液。⑦SeCys$_2$ 和 SeEt 用去离子水（加入 1～2 滴稀盐酸）分别配制成 100mg/L 的标准储备液，然后配制成 Se（Ⅳ）、Se（Ⅵ）、SeCys$_2$、SeMet 和 SeEt 100μg/L 的混合标准工作液。

9.2.3　仪器条件

1）色谱条件

Hamilton PRP X-100 色谱柱（250mm×4.6mm，5μm）；流动相为 5mmol/L 柠檬酸溶液（pH 4.5，20%氨水调节），流速 1.2mL/min，进样量 100μL。

2）ICP-MS 参数

功率，1400W；冷凝气流速，14.0L/min；辅助气流速，0.8L/min；雾化器流速，0.85L/min；H_2/He 混合气流速，5.8mL/min；H_2/He 混合气比例，3：9。

9.2.4　计算公式

样品各形态硒浓度(mg/kg) = (样品溶液各硒形态×0.001×稀释倍数)/称样量

第10章 藻类中硒的检测分析方法与应用

10.1 藻类中总硒的检测

藻类中总硒的检测采用原子荧光光谱法（王梅等，2011）。

10.1.1 样品前处理

将藻类样品收集后，经 55～60℃干燥 24h，研磨后使用。

10.1.2 实验条件及试剂

仪器：AFS-9230 双道原子荧光光谱仪。

试剂：1mg/mL 硒标准储备液，国家标准物质研究中心；40μg/L 硒标准使用液，临用前逐级稀释；实验用试剂均为优级纯或分析纯。

10.1.3 仪器条件

灯电流 30mA，光电倍增管负高压 260V，原子化器高度 9mm，载气流量 400mL/min，屏蔽气流量 800mL/min，测定方法采用标准曲线法，读数方式为峰面积，进样体积 1.0mL。

计算公式见式（10-1）。

$$\chi = \frac{c \times v \times 分取倍数 \times 10^{-3}}{m_{样品}} \qquad (10\text{-}1)$$

式中：χ——样品硒含量，单位为毫克每千克（mg/kg）；

c——上机测定值，单位为微克每升（μg/L）；

v——上机体积，单位为毫克（mL）；

分取倍数——$v_{定容体积} / v_{上机体积}$；

$m_{样品}$——称取植物样品质量，单位为克（g）。

10.1.4 操作步骤

准确称取藻类样品 0.1～2.0g，于 50mL 锥形瓶中，加入 15mL HNO$_3$-HClO$_4$（体积分数为 4∶1）的混酸冷消化过夜，次日于电热板上加热，及时补加酸。当溶液变为清亮无色并伴有白烟时，再继续加热至剩余体积 2mL 左右。冷却，再加 5mL 6mol/L HCl 溶液，于电热板上加热赶酸至约 2mL，消化液转移到 100g/L 铁氰化钾，2mL 浓盐酸摇匀，待测。每个样品平行测定 3 次，同时做试剂空白试验。

10.2 藻类中无机硒与有机硒的检测

准确称取样品 0.1～2.0g，加入 10mL 蒸馏水，沸水浴 30min，然后用超声波细胞粉碎机粉碎细胞壁（功率 550W，超声时间 4s，间隔时间 4s，超声 60 次），20℃条件 5000r/min 离心 10min。残渣同上步骤再提取，合并上清液，浓缩至 5mL 左右，之后加入 15mL HNO$_3$-HClO$_4$（体积分数为 4∶1）的混酸冷消化过夜，次日于电热板上加热消解，所得消解液用于测定无机硒含量。将总硒减去无机硒作为有机硒的含量。

10.2.1 Se（Ⅳ）和 Se（Ⅵ）的检测

将无机硒提取液浓缩消化后，不加入 6mol/L HCl 溶液还原，只加入 100g/L 铁氰化钾溶液抗干扰剂，所测出的为四价硒，六价硒的含量为无机硒的含量减去四价硒的含量。

10.2.2 硒蛋白的检测

准确称取藻类样品 0.1～2.0g，加 pH 8.6 Tris-HCl 缓冲液（质量分数 10% 甘油、20.0mmol/L MgCl$_2$·6H$_2$O）10.0mL 混合，置于超声波细胞粉碎机，使细胞全部破碎。搅拌提取两次，4℃条件下以 11000r/min 离心 10min，上清液合并；加入固体硫酸铵至饱和，静置 2h，以 15000r/min 离心 10min，收集沉淀；用 5mL 的缓冲液溶解沉淀，用截留相对分子质量为 7000 的透析袋在蒸馏水中透析去除硫酸铵，收集蛋白质溶液，再消解。检测仪器和试剂：紫外仪，DEAE-纤维素。

10.2.3　硒多糖的检测

　　硒多糖提取和检测：藻类干燥磨粉，在 pH 11 和 60℃水浴条件下，超声波处理 60min，应用 XK-16 层析柱装填 DEAE-纤维素（2cm×62cm）进行层析，紫外仪在波长 210nm 处监测，自动收集器收集每个峰的洗脱液，浓缩后再透析。完成 10 次 DEAE-纤维素层析，分离的 Se-PSP 总糖（每次上样 0.50g）及各多糖组分与 NaCl 混合物透析纯化后，收集各 Se-PSP 组分并测其质量。计算各组分在 Se-PSP 总糖中含量。

第 11 章　微生物中硒的检测分析方法与应用

11.1　微生物中总硒的检测

11.1.1　原理

采用氢化物原子荧光光谱法测定样品中的总硒。试样经酸加热消化后，在盐酸介质中，将试样中的六价硒还原成四价硒，用硼氢化钠或硼氢化钾作还原剂，将四价硒在盐酸介质中还原成硒化氢（H_2Se），由载气（氩气）带入原子化器中进行原子化，在硒空心阴极灯照射下，基态硒原子被激发至高能态，在去活化回到基态时，发射出特征波长的荧光，其荧光强度与硒含量成正比，与标准系列比较后定量。

11.1.2　试剂

①硝酸（优级纯）。②高氯酸（优级纯）。③盐酸（优级纯）。④混合酸：硝酸＋高氯酸（4＋1）混合酸。⑤氢氧化钠（优级纯）。⑥硼氢化钠（10g/L）：称取 10.0g 硼氢化钠（$NaBH_4$），溶于氢氧化钠溶液（2g/L）中，然后定容至 1000mL，摇匀，备用。⑦盐酸（5%）：移取浓盐酸 100mL，定容至 2000mL，摇匀，备用。⑧硒标准储备液：1000mg/L。⑨硒标准应用液：根据样品硒含量范围，用硒标准储备液配制成所需的浓度。

11.1.3　仪器设备

原子荧光光度计（北京吉天仪器有限公司，AFS-9230）；电热板（240℃）。

11.1.4　分析步骤

（1）器皿清洗。总硒测定用的 50mL 锥形瓶、25mL 比色管、AFS 进样管、歪颈漏斗等，用自来水初步清洗 3 次，用 15.2MΩ 的纯水超声 10～15min，用 20%HCl 浸泡过夜（6h 以上），取出后用 15.2MΩ 的纯水超声 10～15min，然后依次用 15.2MΩ 和 18.2MΩ 的水各清洗 3 遍，锥形瓶等玻璃器皿置于烘箱，120℃烘干，备用。

（2）样品制备。将菌体利用冷冻干燥仪冻干，并在液氮环境下碾碎成粉末，称量 0.2g 置于锥形瓶中。

（3）冷消解。向锥形瓶中加入 8mL 浓硝酸、2mL 高氯酸，摇匀，加上歪颈漏斗，冷消化过夜（6h 以上）。

（4）热消解。将锥形瓶放在电热板上加热，100℃1h，120℃2h，180℃1h，210℃至刚冒高氯酸白烟（与水气有明显区别，白烟呈卷曲状上升），取下冷却。待溶液冷却后向锥形瓶内加入 5mL 浓盐酸，摇匀后加盖放置反应 3h 以上。将锥形瓶内的溶液转移至 25mL 比色管内，用 18.2MΩ 水冲洗歪颈漏斗 1 遍，锥形瓶 3 遍，洗液也转移到比色管中，最后用 18.2MΩ 水定容至刻度线。

（5）工作曲线。吸取 1g/L 硒标准母液（永久保存）0.5mL，用 5% HCl 定容至 50mL 容量瓶，得到 10mg/L 的一次稀释液。吸取 0.5mL 一次稀释液（10mg/L），用 5% HCl 定容至 50mL 容量瓶，得到 100μg/L 的二次稀释液。标液浓度选择视样品中硒的大概浓度而定，利用二次稀释液稀释成所需的浓度系列，做 5 个点以上的工作曲线。

（6）测定仪器参考条件。负高压，270V；灯电流，80mA；原子化温度，800℃；炉高，8mm；载气流速，400mL/min；屏蔽气流速，800mL/min；测量方式，标准曲线法；读数方式，峰面积；延迟时间，1s；读数时间，7s。

11.1.5　分析结果的表述

分析结果按式（11-1）计算。

$$\chi = \frac{(c - c_0) \times v}{m} \tag{11-1}$$

式中：χ ——试样中硒的含量，单位为微克每千克或微克每升（μg/kg 或 μg/L）；

c ——试样消化液测定的浓度，单位为微克每升（μg/L）；

c_0 ——试样空白消化液测定浓度，单位为微克每升（μg/L）；

m ——试样质量（体积），单位为克或毫升（g 或 mL）；

v ——试样消化液总体积，单位为毫升（mL）。

精密度：在重复条件下获得的两次独立测定结果的绝对差值不得超过算术平均值的 10%。方法加标回收率：加标回收率为 85%～120%。

11.2　微生物中硒形态的检测

11.2.1　原理

利用 HPLC-ICP-MS 联用法准确地测定样品中的硒代蛋氨酸、硒代胱氨酸、甲基硒代半胱氨酸、四价及六价硒、硒代乙硫氨酸及未知形态等形态的含量。试样经酶水解后，将与蛋白结合的硒氨基酸及游离的多肽中硒氨基酸等形态释放在酶提取上清液中，再利用液相色谱的有效分离，ICP-MS 的检测获得硒形态的分离图谱，根据百分比法计算各形态含量。

11.2.2　试剂

蛋白酶 XIV：蛋白酶 XIV（Sigma-Aldrich 公司，酶活力 ≥5.5U[①]/mg）粉末应冷冻保存；纤维素酶；二氯甲烷；甲酸；流动相（甲醇-柠檬酸铵缓冲液）。

11.2.3　仪器及设备

HPLC-ICP-MS；气浴恒温振荡器；天平，感量为 0.1mg；真空抽滤装置；冷冻真空离心浓缩仪；低温高速离心机。

11.2.4　分析步骤

1. 实验器具准备

10mL 离心管、平底玻璃瓶（带聚四氟乙烯的盖子）用自来水初步清洗后，20%硝酸浸泡 6h 以上，用 15.2MΩ 的水超声 10min，再用 15.2MΩ 和 18.2MΩ 的水各清洗 3 遍，备用。

2. 试样制备及称取

将菌体利用冷冻干燥仪冻干，并在液氮环境下碾碎成粉末，称取 1g 待测样品于 40mL 玻璃瓶中，并在玻璃瓶上标注编号，在记录本上记录其编号和质量，称量样品时样品质量偏差应控制在 10%以内。

3. 样品酶解

向装有样品的玻璃瓶中加入过量蛋白酶 XIV，若为植物根、茎、叶样品，再加入过量纤维素酶，加入 25mL 超纯水，盖上聚四氟乙烯盖子，振荡器上振荡摇匀。将加入酶的样品放在恒温振荡器中振荡过夜（200r/min，37℃）。

4. 样品的萃取

从恒温振荡器中取出样品，向样品中加入 10mL 二氯甲烷，盖紧聚四氟乙烯

---

① 在特定条件下，1min 内转化 1μmol 底物所需的酶量为一个活力单位。温度规定为 25℃，其他条件取反应最适条件。

盖子，摇匀并振荡（注意前 5 次摇匀，每摇一下放一次气），放入 4℃冰箱过夜保存，直到样品成白色，上层水相澄清。

5. **样品提取率的测定及离心浓缩**

取出样品，旋转并轻击瓶壁，让样品中含二氯甲烷的液滴下降，上层相必须澄清；样品于 1500r/min，离心 5min，将所有的上层水相（约 25mL）转移到一个新的 50mL 聚丙烯管中，避免将表面的固体吸入，确认将所有的水相转移到新管中。从锥形聚丙烯管中吸取 1/5（5mL）（尽可能严格把控）的样品上清液，转移到另一个新的平底锥形瓶，按照湿法消解流程检测总硒。

置于 50mL 聚丙烯管的剩余 4/5 的样品上清液，放于真空冷冻离心浓缩机中，冷阱温度达到−105℃，此过程可能需要过夜，直至完全干燥。

6. **样品的复溶及上机测定前的准备**

（1）取出样品，用 2mL 的 18.2MΩ 超纯水对样品进行复悬浮。

（2）利用甲醇及 18.2MΩ 超纯水润洗激活 Sep-Pak C18 一次性小柱。

（3）使用一个新的注射器，移动注射器的活塞，吸取全部样品溶液，去掉针头连接到 C18 一次性小柱之后，将注射器中样品溶液通过 C18 一次性小柱转移到一个新的 15mL 聚丙烯管中。注意：一个样品用一个注射器和一个 C18 一次性小柱。

（4）将聚丙烯管中的样品用离心浓缩仪完全干燥。

（5）取出样品，用 0.5mL 的 18.2MΩ 超纯水，分三次对样品进行复悬浮，并将样品洗入 2mL 的微型离心管中；4℃，10000r/min 离心 10min 后，转移管中的上清液至 HPLC 专用进样瓶，如果样品离心后仍浑浊，则转移到一个带过滤的离心管中进行离心，之后再转移到 HPLC 的专用进样瓶中；将处理好的样品置于−80℃（或−20℃）环境中以备上机分析。

11.2.5　测定

根据归一化法对所有硒代化合物进行定量分析。

11.2.6　水解率计算

按照实验室测总硒的流程，对 1/5 样品上清液进行总硒消解和测定，分析总硒测定的结果，计算水解率。计算公式为：

Se 上清液水解率 = 五倍水相中的总硒含量/(样品总硒×形态分析称量质量)。

精密度：在重复条件下获得的两次独立测定结果的绝对差值不得超过算术平均值的 20%。

第12章 动物中硒的检测分析方法

12.1 动物组织、体液中总硒的检测分析方法

包括动物体肌肉、血液（全血、血浆）、毛发、尿液中总硒的检测分析，方法参考文献（张磊，2014；杨盛华，2011）。

12.1.1 原子荧光光谱法（AFS）

1）实验样品前处理

称取 0.2g 左右样品于微波消解罐中，加入 1mL H_2O_2，拧紧罐盖，于微波消解系统内消解 7min 左右，消解至无色透明液，冷却后取出，用超纯水定容至 10mL，取过滤消化液 2mL 于试管中，加 50%（体积分数）盐酸溶液，加入 5%硫脲和 5%抗坏血酸的混合液 1mL，反应 15min 后用超纯水定容，混匀，于原子荧光光谱仪上机测定。

2）仪器工作参数

本方法载流为 2%的 HCl，原子荧光仪器工作条件见表 12-1。

表 12-1 原子荧光仪器工作条件

工作参数	设定值
负高压	270V
灯电流	60mA
原子化器高度	8mm
载气流速	400mL/min
屏蔽气流速	800mL/min
读数时间	8s
延迟时间	1.8s
测定方法	标准曲线法
读数方式	峰面积
注射体积	2.0mL

3）计算公式

结果按式（12-1）计算。

$$\chi = \frac{c \times v \times 分取倍数 \times 10^{-3}}{m} \tag{12-1}$$

式中：χ——样品硒含量，单位为毫克每千克（mg/kg）；

　　　c——上机测定值，单位为微克每升（μg/L）；

　　　v——上机体积，单位为毫升（mL）；

　　　分取倍数——$v_{定容体积} / v_{上机体积}$；

　　　m——称取样品质量，单位为克（g）。

12.1.2　电感耦合等离子体质谱法

1）试验样品前处理

将做好前处理的血清或尿液样品常温完全解冻，取适量加入消解管中，再加入 0.5mL 的高纯 HNO_3 和 100μL 含硒元素浓度为 20.0ng/mL 的标准中间溶液，置于通风橱常温消解 2h。将预处理样品放入微波消解仪，按 1 级升温（时间：10min，功率：1200W，温度：120℃，压强：35bar①）、2 级升温（时间：10min，功率：1200W，温度：150℃，压强：35bar）程序消解，消解结束，加入内标液，纯水定容待测。

2）仪器参数

标准曲线：标准硒溶液加入 100μL 1mg/L 内标溶液，纯水定容，建立标准曲线（0ng/L、500ng/L、1000ng/L、2000ng/L、3000ng/L）。仪器工作参数可参考表 12-2。

表 12-2　ICP-MS 工作参数

参数	数值
雾化室温度	2.4℃
数据采集重复次数	3 次
等离子体流速	16.0L/min
样品提升速度	0.4mL/min
射频功率	1255W
采样深度	6.8mm
辅助气流速	1.00L/min
积分时间	0.1s

---

① 1bar = 10^5Pa。

12.2　动物组织、体液硒形态检测分析方法

动物体肌肉、血液（全血、血浆）、毛发、尿液中硒形态检测分析，采用高效液相色谱与电感耦合等离子体质谱联用技术（仲娜，2008）。

12.2.1　样品前处理

水提法：称取适量组织，加入适量生理盐水，在冰浴中用匀浆机制备成组织匀浆（匀浆总时间为 40s，分 3～4 次进行，中间间隔 10s）。将制备好的组织匀浆在低温离心机中 3500r/min 离心 15min，取上清液分装于管中，再在残渣中分别加入一定量水搅拌重复提取 2 次，合并 3 次所得提取液，即得水溶性硒蛋白溶液，过 45μm 滤膜待测。

12.2.2　样品各硒形态含量计算公式

样品各形态硒浓度（mg/kg）＝（样品溶液各硒形态×0.001×稀释倍数）/称样量。

12.2.3　仪器条件

①采用 Alltima C8 柱（250mm×4.6mm，5μm），流动相为 5mmol/L 己烷磺酸钠柠檬酸（pH 3.5）-甲醇（95：5），流速：0.6mL/min，进样量 20μL。②采用 Alltima C8 柱（250mm×4.6mm，5um），水-甲醇（98：2）-0.1%TFA（三氟乙酸），流速：1mL/min，进样量 20μL。③采用 Alltima C18 柱（250mm×4.6mm，5μm），加预柱，20mmol/L 己烷磺酸钠柠檬酸-甲醇（95：5），流速：1mL/min，进样量 20μL。取硒混合标准储备液（1μg/mL）及单标储备液（1μg/mL），加 0.1mol/L HCl 稀释至 1μg/L 硒单标溶液及硒混标溶液，分别进样 20μL。工作参数参考表 12-3。

表 12-3　HPLC 及 ICP-MS 工作参数

参数		工作条件
ICP-MS	射频功率	1345W
	雾化器	Barbington 雾化器
	雾化室	双筒式，0℃
	进样管	内径 2.5mm

续表

参数		工作条件
ICP-MS	样品锥	镍样品锥
	载气流量	1.10L/min
	辅助气体流量	—
	采样深度	6.5mm
	雾化室室温	2℃
	停留时间	0.1s
	同位素监测	^{77}Se、^{78}Se、^{82}Se
RP-HPLC	1 柱子	Alltima C8 柱（250mm×4.6mm，5μm）
	流动相	5mmol/L 己烷磺酸钠柠檬酸（pH 3.5）-甲醇（95∶5）
	流速	0.6mL/min
	进样量	20μL
	2 柱子	Alltima C8 柱（250mm×4.6mm，5μm）
	流动相	水-甲醇（98∶2）-0.1%TFA
	流速	1mL/min
	进样量	20μL
	3 柱子	Alltima C18 柱（250mm×4.6mm，5μm），加预柱
	流动相	20mmol/L 己烷磺酸钠柠檬酸-甲醇（95∶5）
	流速	1mL/min
	进样量	20μL

12.2.4　硒标准品

Se 元素标准溶液：浓度 100mg/L，用 3%HNO$_3$ 配制成含 Se 元素为 1.0μg/L、5.0μg/L、10.0μg/L、20.0μg/L 的标准溶液。

硒标准品：亚硒酸盐 ［Se（Ⅳ），Na$_2$SeO$_3$，纯度≥98%］、硒酸盐 ［Se（Ⅵ），Na$_2$SeO$_4$，纯度≥98%］、硒代胱氨酸（SeCys$_2$，纯度≥98%）、甲基硒代半胱氨酸（MeSeCys，纯度≥98%）、硒代蛋氨酸（SeMet，纯度≥98%）；用 0.1mol/L HCl 稀释配制成 1mg/L 的单标和混标标准储备液，4℃保存。

第13章 人体中硒的检测分析方法

13.1 人体组织、体液中总硒的检测分析方法

人体血液（全血、血浆）、毛发、尿液及其他组织中总硒的检测分析，参考微波消解-原子荧光光谱法测定人体血液头发中的痕量硒的方法（廖美林等，2015）。

13.1.1 仪器与试剂

①AFS-9700 型双道原子荧光光度计，北京科创海光仪器有限公司。②硒空心阴极灯，北京科创海光仪器有限公司。③WX-8000 微波消解仪，上海屹尧仪器科技发展有限公司。④DKQ-1000 智能控温电加热器，上海屹尧仪器科技发展有限公司。⑤电子天平 AUY220，岛津公司。⑥Milli-Q 超纯水仪，美国 Millipore 公司。⑦硝酸、盐酸、硼氢化钾、氢氧化钠均为优级纯。

13.1.2 样品前处理

样品前处理：分别吸取 0.5mL 血样、尿液或称取 0.2～0.5g 剪碎发样、组织样品于微波消解罐中，加入 5mL 浓硝酸进行微波消解。微波消解参数：第一步，90℃保持 4min；第二步，110℃保持 2min；第三步，130℃保持 2min；第四步，160℃保持 10min。样品消解后在控温电加热器 160℃恒温去酸至近干，再加入 15mL 6mol/L HCl 还原 20min，用超纯水定容至 25mL。

13.1.3 试剂制备

硼氢化钾溶液：称取 15g 硼氢化钾，溶于先加有 7.5g 氢氧化钠的 1000mL 纯水中，摇匀；载液：量取 50.0mL 浓盐酸溶于 1000mL 纯水中，摇匀，盐酸体积分数为 5%；硒标准溶液 GSW（1.0mg/mL，国家标准物质研究中心）；10μg/mL 硒标准使用液，吸取 1.0mg/mL 硒标准溶液 1mL，移入 100mL 容量瓶中，加入 6mol/L HCl，用水定容，临用前继续稀释为 100ng/mL 的硒标准使用溶液。本实验用水为超纯水，消化管及玻璃器皿洗净后用 10%硝酸浸泡过夜，用前以纯水冲洗干净。

13.1.4　标准曲线的制备

取 7 个 25mL 容量瓶中分别加入 0mL、0.5mL、1.0mL、1.5mL、2.0mL、2.5mL、5.0mL 100ng/mL 的硒标准使用溶液，再分别加入 15mL 6mol/L HCl，用超纯水定容至刻度，配成浓度为 0.0ng/mL、2.0ng/mL、4.0ng/mL、6.0ng/mL、8.0ng/mL、10.0ng/mL、20.0ng/mL 的标准系列，混匀并测定。

13.1.5　仪器工作条件

原子化器高度为 8mm，负高压为 290V，灯电流为 80mA，氩气流速为 400mL/min，屏蔽气为 900mL/min，测量方式为标准曲线法，延迟时间 4s，读数时间 20s，读数方式为峰面积。

13.1.6　计算公式：

结果按式（13-1）进行计算。

$$\chi = \frac{c \times v \times 分取倍数 \times 10^{-3}}{m} \tag{13-1}$$

式中：χ——样品硒含量，单位为毫克每千克（mg/kg）；

c——上机测定值，单位为微克每升（μg/L）；

v——上机体积，单位为毫升（mL）；

分取倍数——$v_{定容体积}/v_{上机体积}$；

m——称取样品质量，单位为克（g）。

13.2　人体组织、体液中硒形态的检测分析方法

人体血液（全血、血浆）、毛发、尿液及其他组织中总硒的检测分析，参考徐肖雅（2012）对人血清和尿液中硒的形态分析方法研究。

13.2.1　仪器设备与试剂

Waters 690 型高效液相色谱仪，美国 Waters 公司；Elan DRC Ⅱ 电感耦合等离子体质谱仪，PerkinElmer，美国；Mettler AE163 十万分之一分析天平，瑞士 Mettler

公司；涡流振荡器，美国思博明仪器设备有限公司；Milli-Q 超纯水仪，美国 Millipore 公司；超声振荡器，天鹏电子新技术（北京）有限公司；Sigma 3K15 离心机，德国 Sigma-Aldrich 公司；阴离子交换柱：Hamilton PRP-X（250mm×4.1mm，10μm），美国 Waters 公司。

　　硒酸钠和无水亚硒酸钠（分析纯，北京市朝阳区中联化工试剂厂）；硒代蛋氨酸，硒代半胱氨酸均购自 Sigma-Aldrich 公司；甲醇（色谱纯，美国 Thermo Fisher Scientific 公司）；柠檬酸（分析纯，上海化学试剂总厂试剂一厂）；氨水（分析纯，北京化工厂）；超纯水，由美国 Milli-Q 超纯水仪制备。

13.2.2　标准溶液配制

　　1）标准储备液

　　准确称取（10.0±0.1）mg Se（IV）、Se（VI）、SeMet、SeCys 分别置于 10mL 容量瓶中，用纯水溶解各单标物质并定容至刻度（其中 SeCys 用 0.20mol/L HCl 溶解），得 1.00mg/L 标准储备液；分别吸取 1.00mL 上述标准储备液于容量瓶中，用纯水定容至刻度得 100μg/mL 单标标准中间液。

　　2）混合标准储备液

　　分别吸取 1.00mL 100μg/mL Se（IV）、Se（VI）、SeMet、SeCys 的单标标准中间液于 10mL 容量瓶中，用纯水定容至刻度，得 10μg/mL 混合标准中间液，进一步稀释得物质混合标准使用液。上述混标溶液于–20℃避光保存，使用时用纯水稀释成适当浓度的标准系列。

　　3）标准曲线

　　将混合标准硒使用液逐级稀释为浓度梯度为 0.00ng/mL、2.00ng/mL、5.00ng/mL、10.00ng/mL、20.00ng/mL、50.00ng/mL 的工作曲线系列。利用色谱工作软件对工作曲线中每一个浓度梯度的各种硒形态的响应值进行积分，计算峰面积，从而得出 4 种硒形态工作曲线，并计算决定系数（R^2）值。

　　4）试剂的配制

　　流动相的配制：

　　（1）流动相 A（0.50mmol 柠檬酸铵内含 2%甲醇，pH = 3.7）。向 1L 容量瓶中，加入约 0.1050g 柠檬酸以及 20.00mL 的 CH_3OH，用高纯水定容至刻度，混匀后倒入烧杯中，用氨水调节 pH 至 3.7，超声脱气 15min，备用。

　　（2）流动相 B（20mmol 柠檬酸铵内含 2%甲醇，pH = 8.0）。向 1L 容量瓶中，加入约 4.204g 柠檬酸以及 20.00mL 的 CH_3OH，用高纯水定容至刻度，混匀后倒入烧杯中，用氨水调节 pH 至 8.0，超声脱气 15min，备用。

13.2.3　样品前处理

1）血清

前处理：血样于离心管内，放置约 1h，将凝固血与管壁剥离，使血清充分析出，2000r/min 离心 10min，收集血清，−20℃保存。

2）尿液

前处理：采集后−20℃保存，检测前解冻并进行过滤。

3）其他器官组织（肝脏、肾脏等）

前处理：称取适量组织，加入适量生理盐水，在冰浴中用匀浆机制备成组织匀浆（匀浆总时间为 40s，分 3～4 次进行，中间间隔 10s）。将制备好的组织匀浆在低温离心机中 3500r/min 离心 15min，取上清液分装于管中，于 4℃冰箱保存。

13.2.4　样品测定及计算

在最优的仪器条件下，使用的混合标准中间液配制浓度为 1.00μg/mL、0.00ng/mL、2.00ng/mL、5.00ng/mL、10.00ng/mL、20.00ng/mL、50.00ng/mL 的混合标准溶液，用该标准系列绘制标准曲线，该曲线的纵坐标为被测组分 i 的定量离子峰面积 A_i，横坐标为测试溶液中被测组分浓度 ρ，用式（13-2）计算样品中被测组分的含量。

$$\rho = \frac{(\rho_1 - \rho_0) \times v_1}{v} \tag{13-2}$$

式中：ρ——样品中各形态硒的含量，单位为纳克每毫升（ng/mL）；

ρ_1——从回归方程中查出测试溶液中各形态硒的质量浓度，单位为纳克每毫升（ng/mL）；

ρ_0——样品空白中各形态硒的质量浓度，单位为纳克每毫升（ng/mL）；

v_1——滤液体积，单位为毫升（mL）；

v——样品体积，单位为毫升（mL）。

附录 已颁布实施硒检测方法的有效标准（节选）

附录 1 食品安全国家标准
食品中硒的测定（GB 5009.93—2017）

1 范围

本标准规定了食品中硒含量测定的氢化物原子荧光光谱法、荧光分光光度法和电感耦合等离子体质谱法。

本标准适用于各类食品中硒的测定。

第一法 氢化物原子荧光光谱法

2 原理

试样经酸加热消化后，在 6mol/L 盐酸介质中，将试样中的六价硒还原成四价硒，用硼氢化钠或硼氢化钾作还原剂，将四价硒在盐酸介质中还原成硒化氢，由载气（氩气）带入原子化器中进行原子化，在硒空心阴极灯照射下，基态硒原子被激发至高能态，在去活化回到基态时，发射出特征波长的荧光，其荧光强度与硒含量成正比，与标准系列比较定量。

3 试剂和材料

除非另有说明，本方法所用试剂均为分析纯，水为 GB/T 6682 规定的二级水。

3.1 试剂

3.1.1 硝酸（HNO_3）：优级纯。

3.1.2 高氯酸（$HClO_4$）：优级纯。

3.1.3 盐酸（HCl）：优级纯。

3.1.4 氢氧化钠（NaOH）：优级纯。

3.1.5 过氧化氢（H_2O_2）。

3.1.6 硼氢化钠（$NaBH_4$）：优级纯。

3.1.7 铁氰化钾[$K_3Fe(CN)_6$]。

3.2　试剂的配制

3.2.1　硝酸-高氯酸混合酸（9＋1）：将 900mL 硝酸与 100mL 高氯酸混匀。

3.2.2　氢氧化钠溶液（5g/L）：称取 5g 氢氧化钠，溶于 1000mL 水中，混匀。

3.2.3　硼氢化钠碱溶液（8g/L）：称取 8g 硼氢化钠，溶于氢氧化钠溶液（5g/L）中，混匀。现配现用。

3.2.4　盐酸溶液（6mol/L）：量取 50mL 盐酸，缓慢加入 40mL 水中，冷却后用水定容至 100mL，混匀。

3.2.5　铁氰化钾溶液（100g/L）：称取 10g 铁氰化钾，溶于 100mL 水中，混匀。

3.2.6　盐酸溶液（5＋95）：量取 25mL 盐酸，缓慢加入 475mL 水中，混匀。

3.3　标准品

硒标准溶液：1000mg/L，或经国家认证并授予标准物质证书的一定浓度的硒标准溶液。

3.4　标准溶液的制备

3.4.1　硒标准中间液（100mg/L）：准确吸取 1.00mL 硒标准溶液（1000mg/L）于 10mL 容量瓶中，加盐酸溶液（5＋95）定容至刻度，混匀。

3.4.2　硒标准使用液（1.00mg/L）：准确吸取硒标准中间液（100mg/L）1.00mL 于 100mL 容量瓶中，用盐酸溶液（5＋95）定容至刻度，混匀。

3.4.3　硒标准系列溶液：分别准确吸取硒标准使用液（1.00mg/L）0mL、0.500mL、1.00mL、2.00mL 和 3.00mL 于 100mL 容量瓶中，加入铁氰化钾溶液（100g/L）10mL，用盐酸溶液（5＋95）定容至刻度，混匀待测。此硒标准系列溶液的质量浓度分别为 0μg/L、5.00μg/L、10.0μg/L、20.0μg/L 和 30.0μg/L。

注：可根据仪器的灵敏度及样品中硒的实际含量确定标准系列溶液中硒元素的质量浓度。

4　仪器和设备

注：所有玻璃器皿及聚四氟乙烯消解内罐均需硝酸溶液（1＋5）浸泡过夜，用自来水反复冲洗，最后用水冲洗干净。

4.1　原子荧光光谱仪：配硒空心阴极灯。

4.2　天平：感量为 1mg。

4.3　电热板。

4.4　微波消解系统：配聚四氟乙烯消解内罐。

5　分析步骤

5.1　试样制备

注：在采样和制备过程中，应避免试样污染。

5.1.1　粮食、豆类样品

样品去除杂物后，粉碎，储于塑料瓶中。

5.1.2　蔬菜、水果、鱼类、肉类等样品

样品用水洗净，晾干，取可食部分，制成匀浆，储于塑料瓶中。

5.1.3　饮料、酒、醋、酱油、食用植物油、液态乳等液体样品

将样品摇匀。

5.2　试样消解

5.2.1　湿法消解

称取固体试样 0.5g～3g（精确至 0.001g）或准确移取液体试样 1.00mL～5.00mL，置于锥形瓶中，加 10mL 硝酸-高氯酸混合酸（9＋1）及几粒玻璃珠，盖上表面皿冷消化过夜。次日于电热板上加热，并及时补加硝酸。当溶液变为清亮无色并伴有白烟产生时，再继续加热至剩余体积为 2mL 左右，切不可蒸干。冷却，再加 5mL 盐酸溶液（6mol/L），继续加热至溶液变为清亮无色并伴有白烟出现。冷却后转移至 10mL 容量瓶中，加入 2.5mL 铁氰化钾溶液（100g/L），用水定容，混匀待测。同时做试剂空白试验。

5.2.2　微波消解

称取固体试样 0.2g～0.8g（精确至 0.001g）或准确移取液体试样 1.00mL～3.00mL，置于消化管中，加 10mL 硝酸、2mL 过氧化氢，振摇混合均匀，于微波消解仪中消化，微波消化推荐条件见附录 A（可根据不同的仪器自行设定消解条件）。消解结束待冷却后，将消化液转入锥形烧瓶中，加几粒玻璃珠，在电热板上继续加热至近干，切不可蒸干。再加 5mL 盐酸溶液（6mol/L），继续加热至溶液变为清亮无色并伴有白烟出现，冷却，转移至 10mL 容量瓶中，加入 2.5mL 铁氰化钾溶液（100g/L），用水定容，混匀待测。同时做试剂空白试验。

5.3　测定

5.3.1　仪器参考条件

根据各自仪器性能调至最佳状态。参考条件为：负高压 340V；灯电流 100mA；原子化温度 800℃；炉高 8mm；载气流速 500mL/min；屏蔽气流速 1000mL/min；测量方式标准曲线法；读数方式峰面积；延迟时间 1s；读数时间 15s；加液时间 8s；进样体积 2mL。

5.3.2　标准曲线的制作

以盐酸溶液（5＋95）为载流，硼氢化钠碱溶液（8g/L）为还原剂，连续用标准系列的零管进样，待读数稳定之后，将标硒标准系列溶液按质量浓度由低到高的顺序分别导入仪器，测定其荧光强度，以质量浓度为横坐标，荧光强度为纵坐标，制作标准曲线。

5.3.3　试样测定

在与测定标准系列溶液相同的实验条件下，将空白溶液和试样溶液分别导入仪器，测其荧光值强度，与标准系列比较定量。

6　分析结果的表述

试样中硒的含量按式（1）计算：

$$X = \frac{(\rho - \rho_0) \times V}{m \times 1000} \quad \cdots\cdots\cdots\cdots\cdots\cdots\cdots\cdots\cdots\cdots\cdots\cdots \quad (1)$$

式中：

X ——试样中硒的含量，单位为毫克每千克或毫克每升(mg/kg 或 mg/L)；

ρ ——试样溶液中硒的质量浓度，单位为微克每升（μg/L）；

ρ_0 ——空白溶液中硒的质量浓度，单位为微克每升（μg/L）；

V ——试样消化液总体积，单位为毫升（mL）；

m ——试样称样量或移取体积，单位为克或毫升（g 或 mL）；

1000 ——换算系数。

当硒含量≥1.00mg/kg（或 mg/L）时，计算结果保留三位有效数字，当硒含量＜1.00mg/kg（或 mg/L）时，计算结果保留两位有效数字。

7　精密度

在重复性条件下获得的两次独立测定结果的绝对差值不得超过算术平均值的20%。

8 其他

当称样量为 1g（或 1mL），定容体积为 10mL 时，方法的检出限为 0.002mg/kg（或 0.002mg/L），定量限为 0.006mg/kg（或 0.006mg/L）。

第二法　荧光分光光度法

9 原理

将试样用混合酸消化，使硒化合物转化为无机硒 Se^{4+}，在酸性条件下 Se^{4+} 与 2, 3-二氨基萘（2, 3-Diaminonaphthalene，缩写为 DAN）反应生成 4, 5-苯并苤硒脑（4, 5-Benzo piaselenol），然后用环己烷萃取后上机测定。4, 5-苯并苤硒脑在波长为 376nm 的激发光作用下，发射波长为 520nm 的荧光，测定其荧光强度，与标准系列比较定量。

10 试剂和材料

除非另有说明，本方法所用试剂均为分析纯，水为 GB/T 6682 规定的二级水。

10.1 试剂

10.1.1 盐酸（HCl）：优级纯。

10.1.2 环己烷（C_6H_{12}）：色谱纯。

10.1.3 2, 3-二氨基萘（DAN，$C_{10}H_{10}N_2$）。

10.1.4 乙二胺四乙酸二钠（EDTA-2Na，$C_{10}H_{14}N_2Na_2O_8$）。

10.1.5 盐酸羟胺（$NH_2OH \cdot HCl$）。

10.1.6 甲酚红（$C_{21}H_{18}O_5S$）。

10.1.7 氨水（$NH_3 \cdot H_2O$）：优级纯。

10.2 试剂的配制

10.2.1 盐酸溶液（1%）：量取 5mL 盐酸，用水稀释至 500mL，混匀。

10.2.2 DAN 试剂（1g/L）：此试剂在暗室内配制。称取 DAN 0.2g 于一带盖锥形瓶中，加入盐酸溶液（1%）200mL，振摇约 15min 使其全部溶解。加入约 40mL 环己烷，继续振荡 5min。将此液倒入塞有玻璃棉（或脱脂棉）的分液漏斗中，待分层后滤去环己烷层，收集 DAN 溶液层，反复用环己烷纯化直至环己烷中荧光降至最低时为止（约纯化 5 次～6 次）。将纯化后的 DAN 溶液储于棕色瓶中，加入约 1cm 厚的环己烷覆盖表层，于 0℃～5℃保存。必要时在使用前再以环己烷纯化一次。

注：此试剂有一定毒性，使用本试剂的人员应注意防护。

10.2.3　硝酸-高氯酸混合酸（9＋1）：将 900mL 硝酸与 100mL 高氯酸混匀。

10.2.4　盐酸溶液（6mol/L）：量取 50mL 盐酸，缓慢加入 40mL 水中，冷却后用水定容至 100mL，混匀。

10.2.5　氨水溶液（1＋1）：将 5mL 水与 5mL 氨水混匀。

10.2.6　EDTA 混合液：

　　a）EDTA 溶液（0.2mol/L）：称取 EDTA-2Na 37g，加水并加热至完全溶解，冷却后用水稀释至 500mL；

　　b）盐酸羟胺溶液（100g/L）：称取 10g 盐酸羟胺溶于水中，稀释至 100mL，混匀；

　　c）甲酚红指示剂（0.2g/L）：称取甲酚红 50mg 溶于少量水中，加氨水溶液（1＋1）1 滴，待完全溶解后加水稀释至 250mL，混匀；

　　d）取 EDTA 溶液（0.2mol/L）及盐酸羟胺溶液（100g/L）各 50mL，加甲酚红指示剂（0.2g/L）5mL，用水稀释至 1L，混匀。

10.2.7　盐酸溶液（1＋9）：量取 100mL 盐酸，缓慢加入到 900mL 水中，混匀。

10.3　标准品

硒标准溶液：1000mg/L，或经国家认证并授予标准物质证书的一定浓度的硒标准溶液。

10.4　标准溶液的制备

10.4.1　硒标准中间液（100mg/L）：准确吸取 1.00mL 硒标准溶液（1000mg/L）于 10mL 容量瓶中，加盐酸溶液（1%）定容至刻度，混匀。

10.4.2　硒标准使用液（50.0μg/L）：准确吸取硒标准中间液（100mg/L）0.50mL，用盐酸溶液（1%）定容至 1000mL，混匀。

10.4.3　硒标准系列溶液：准确吸取硒标准使用液（50.0μg/L）0mL、0.200mL、1.00mL、2.00mL 和 4.00mL，相当于含有硒的质量为 0μg、0.0100μg、0.0500μg、0.100μg 及 0.200μg，加盐酸溶液（1＋9）至 5mL 后，加入 20mL EDTA 混合液，用氨水溶液（1＋1）及盐酸溶液（1＋9）调至淡红橙色（pH 1.5～2.0）。以下步骤在暗室操作：加 DAN 试剂（1g/L）3mL，混匀后，置沸水浴中加热 5min，取出冷却后，加环己烷 3mL，振摇 4min，将全部溶液移入分液漏斗，待分层后弃去水层，小心将环己烷层由分液漏斗上口倾入带盖试管中，勿使环己烷中混入水滴。环己烷中反应产物为 4, 5-苯并苯硒脑，待测。

11 仪器和设备

注：所有玻璃器皿均需硝酸溶液（1＋5）浸泡过夜，用自来水反复冲洗，最后用水冲洗干净。

11.1 荧光分光光度计。

11.2 天平：感量 1mg。

11.3 粉碎机。

11.4 电热板。

11.5 水浴锅。

12 分析步骤

12.1 试样制备

同 5.1。

12.2 试样消解

准确称取 0.5g～3g（精确至 0.001g）固体试样，或准确吸取液体试样 1.00mL～5.00mL，置于锥形瓶中，加 10mL 硝酸-高氯酸混合酸（9＋1）及几粒玻璃珠，盖上表面皿冷消化过夜。次日于电热板上加热，并及时补加硝酸。当溶液变为清亮无色并伴有白烟产生时，再继续加热至剩余体积 2mL 左右，切不可蒸干，冷却后再加 5mL 盐酸溶液（6mol/L），继续加热至溶液变为清亮无色并伴有白烟出现，再继续加热至剩余体积 2mL 左右，冷却。同时做试剂空白。

12.3 测定

12.3.1 仪器参考条件

根据各自仪器性能调至最佳状态。参考条件为：激发光波长 376nm、发射光波长 520nm。

12.3.2 标准曲线的制作

将硒标准系列溶液按质量由低到高的顺序分别上机测定 4,5-苯并苯硒脑的荧光强度。以质量为横坐标，荧光强度为纵坐标，制作标准曲线。

12.3.3 试样溶液的测定

将 12.2 消化后的试样溶液以及空白溶液加盐酸溶液（1＋9）至 5mL 后，加入 20mL EDTA 混合液，用氨水溶液（1＋1）及盐酸溶液（1＋9）调至淡红橙色（pH 1.5～2.0）。以下步骤在暗室操作：加 DAN 试剂（1g/L）3mL，混匀后，置沸水浴中加热 5min，取出冷却后，加环己烷 3mL，振摇 4min，将全部溶液移入分液漏斗，待分层后弃去水层，小心将环己烷层由分液漏斗上口倾入带盖试管中，勿使环己烷中混入水滴，待测。

13 分析结果的表述

试样中硒的含量按式（2）计算：

$$X = \frac{m_1}{F_1 - F_0} \times \frac{F_2 - F_0}{m} \quad\cdots\cdots\cdots\cdots\cdots\cdots\cdots\cdots\cdots\cdots\cdots\cdots (2)$$

式中：

X——试样中硒含量，单位为毫克每千克或毫克每升（mg/kg 或 mg/L）；

m_1——试样管中硒的质量，单位为微克（μg）；

F_1——标准管硒荧光读数；

F_0——空白管荧光读数；

F_2——试样管荧光读数；

m——试样称样量或移取体积，单位为克或毫升（g 或 mL）。

当硒含量≥1.00mg/kg（或 mg/L）时，计算结果保留三位有效数字；当硒含量＜1.00mg/kg（或 mg/L）时，计算结果保留两位有效数字。

14 精密度

在重复性条件下获得的两次独立测定结果的绝对差值不得超过算术平均值的 20%。

15 其他

当称样量为 1g（或 1mL）时，方法的检出限为 0.01mg/kg（或 0.01mg/L），定量限为 0.03mg/kg（或 0.03mg/L）。

第三法 电感耦合等离子体质谱法

见 GB 5009.268。

附 录 A
微波消解升温程序

微波消解升温程序见表 A.1。

表 A.1　微波消解升温程序

步骤	设定温度/℃	升温时间/min	恒温时间/min
1	120	6	1
2	150	3	5
3	200	5	10

备注：

该标准于 2017 年 4 月 6 日发布，2017 年 10 月 6 日实施。

附录 2　食品安全国家标准
饮用天然矿泉水检验方法（GB 8538—2016）

1　范围

本标准规定了饮用天然矿泉水的色度、臭和味、可见物、浑浊度、pH、溶解性总固体、总硬度、总碱度、总酸度、多元素测定、钾和钠、钙、镁、铁、锰、铜、锌、总铬、铅、镉、总汞、银、锶、锂、钡、钒、锑、钴、镍、铝、硒、砷、硼酸盐、偏硅酸、氟化物、氯化物、碘化物、二氧化碳、硝酸盐、亚硝酸盐、碳酸盐和碳酸氢盐、硫酸盐、耗氧量、氰化物、挥发性酚类化合物、阴离子合成洗涤剂、矿物油、溴酸盐、硫化物、磷酸盐、总 β 放射性、氚、^{226}Ra 放射性、大肠菌群、粪链球菌、铜绿假单胞菌、产气荚膜梭菌的测定方法。

本标准适用于饮用天然矿泉水指标的测定。

…………

32　硒

32.1　二氨基萘荧光法

32.1.1　原理

2,3-二氨基萘在 pH = 1.5～2.0 溶液中，选择性地与四价硒离子反应生成苯并[c]硒二唑化合物绿色荧光物质，被环己烷萃取，产生的荧光强度与四价硒含量成正比。水样需先经硝酸-高氯酸混合酸消化将四价以下的无机和有机硒氧化为六价硒，再经盐酸消化将六价硒还原为四价硒，然后测定总硒含量。

32.1.2　试剂和材料

除非另有说明，本方法所用试剂均为分析纯，水为 GB/T 6682 规定的二级水。
32.1.2.1　高氯酸（$\rho_{20} = 1.67g/mL$）。

32.1.2.2　盐酸（ρ_{20} = 1.19g/mL）。

32.1.2.3　盐酸溶液[c（HCl）= 0.1mol/L]：吸取 8.4mL 盐酸，用水稀释为 1000mL。

32.1.2.4　硝酸（ρ_{20} = 1.42g/mL）：优级纯。

32.1.2.5　硝酸-高氯酸（1 + 1）：量取 100mL 硝酸，加入 100mL 高氯酸，混匀。

32.1.2.6　盐酸溶液（1 + 4）：量取 50mL 盐酸，加入 200mL 水中，混匀。

32.1.2.7　氨水（1 + 1）：吸取氨水（ρ_{20} = 0.88g/mL）与等体积水混匀。

32.1.2.8　乙二胺四乙酸二钠溶液（50g/L）：称取 5g 乙二胺四乙酸二钠（$C_{10}H_{14}N_2O_8Na_2 \cdot 2H_2O$），加入少量水中，加热溶解，放冷后稀释至 100mL。

32.1.2.9　盐酸羟胺溶液（100g/L）：称取 10g 盐酸羟胺（$NH_2OH \cdot HCl$），溶于水中，并稀释至 100mL。

32.1.2.10　精密 pH 试纸：pH = 0.5～5.0。

32.1.2.11　甲酚红溶液（0.2g/L）：称取 20mg 甲酚红（$C_{12}H_{18}O_5S$），溶于少量水中，加 1 滴氨水使其完全溶解，加水稀释至 100mL。

32.1.2.12　混合试剂：吸取 50mL 乙二胺四乙酸二钠溶液、50mL 盐酸羟胺溶液和 2.5mL 甲酚红溶液，加水稀释至 500mL，混匀。临用前配制。

32.1.2.13　环己烷：不可有荧光杂质，不纯时需重蒸后使用。用过的环己烷重蒸后可再用。

32.1.2.14　2,3-二氨基萘溶液（1g/L）：称取 100mg 2,3-二氨基萘[简称 DAN，$C_{10}H_6(NH_2)_2$]于 250mL 磨口锥形瓶中，加入 100mL 盐酸溶液，振摇至全部溶解（约 15min）后，加入 20mL 环己烷，继续振摇 5min，移入底部塞有玻璃棉（或脱脂棉）的分液漏斗中，静置分层后将水相放回原锥形瓶内，再用环己烷萃取多次（萃取次数视 DAN 试剂中荧光杂质多少而定，一般需 5 次～6 次），直到环己烷相荧光最低为止。将此纯化的水溶液储于棕色瓶中，加一层约 1cm 厚的环己烷以隔绝空气，置冰箱内保存。用前再以环己烷萃取 1 次。经常使用以每月配制 1 次为宜，不经常使用可保存 1 年。此溶液需在暗室中配制。

32.1.2.15　硒标准储备溶液[ρ(Se) = 100μg/mL]：称取 0.1000g 硒，溶于少量硝酸中，加入 2mL 高氯酸。在沸水浴上加热蒸去硝酸（约 3h～4h），稍冷后加入 8.4mL 盐酸，继续加热 2min，然后移入 1000mL 容量瓶内，用水定容。

32.1.2.16　硒标准工作溶液[ρ(Se) = 0.05μg/mL]：吸取硒标准储备溶液，用盐酸溶液逐级进行稀释，储于冰箱内备用。

32.1.3　仪器和设备

本方法首次使用的玻璃器皿，均须以硝酸（1 + 1）浸泡 4h 以上，并用水冲洗洁净；本法用过的玻璃器皿，用水淋洗后，在洗涤剂溶液（5g/L）中浸泡 2h 以上，并用水洗净。

32.1.3.1　荧光分光光度计或荧光光度计。

32.1.3.2　分液漏斗：25mL、250mL。

32.1.3.3　具塞比色管：5mL。

32.1.3.4　电热板。

32.1.3.5　水浴锅。

32.1.3.6　磨口锥形瓶：100mL。

32.1.4　分析步骤

32.1.4.1　消化

吸取 5.00mL～20.00mL 水样及硒标准工作溶液 0mL、0.10mL、0.30mL、0.50mL、0.70mL、1.00mL、1.50mL 和 2.00mL 分别于 100mL 磨口锥形瓶中，各加水至与水样相同体积。沿瓶壁加入 2.5mL 硝酸-高氯酸，将瓶（勿盖塞）置于电热板上加热至瓶内产生浓白烟，溶液由无色变成浅黄色（瓶内溶液太少时，颜色变化不明显，以观察浓白烟为准）为止，立即取下（消化未到终点过早取下，会因所含荧光杂质未被分解完全而产生干扰，使测定结果偏高；到达终点还继续加热将会造成硒的损失），稍冷后加入 2.5mL 盐酸溶液，继续加热至呈浅黄色，立即取下。

消化完毕的溶液放冷后，各瓶均加入 10mL 混合试剂，摇匀，溶液应呈桃红色，用氨水调节至浅橙色，若氨水加过量，溶液呈黄色或桃红（微带蓝）色，需用盐酸溶液再调回至浅橙色，此时溶液 pH 为 1.5～2.0。必要时需用 pH = 0.5～5.0 精密试纸检验，然后冷却。

向上述消化完毕的各瓶内加入 2mL 2,3-氨基萘溶液（本步骤需在暗室内黄色灯下操作），摇匀，置沸水浴中加热 5min（自放入沸水浴中算起），取出，冷却。向各瓶加入 4.0mL 环己烷，加盖密塞，振摇 2min。将全部溶液移入分液漏斗（活塞勿涂油）中，待分层后，弃去水相，将环己烷相由分液漏斗上口（先用滤纸擦干净）倾入具塞试管内，密塞待测。

注：四价硒与 2,3-二氨基萘应在酸性溶液中反应，pH 以 1.5～2.0 为最佳，过低时溶液易乳化，太高时测定结果偏高。甲酚红指示剂有 pH = 2～3 及 7.2～8.8 两个变色范围，前者是由桃红色变为黄色，后者是由黄色变成桃红（微带蓝）色。本方法是采用前一个变色范围，将溶液调节至浅橙色 pH 为 1.5～2.0 最适宜。

32.1.4.2　测定

可选用下列仪器之一测定荧光强度。

荧光分光光度计：激发光波长 376nm，发射光波长为 520nm。

荧光光度计：不同型号的仪器具备的滤光片不同，应选择适当滤光片。可用激发光滤片为 330nm、荧光滤片为 510nm（截止型）和 530nm（带通型）组合滤片。

绘制校准曲线，从曲线上查出水样管中硒的质量。

32.1.5　分析结果的表述

试样中硒含量按式（52）计算：

$$\rho(\text{Se}) = \frac{m}{V} \quad\cdots\cdots\cdots\cdots\cdots\cdots\cdots\cdots\cdots\cdots\cdots\cdots \quad (52)$$

式中：

    $\rho(\text{Se})$ ——水样中硒的质量浓度，单位为毫克每升（mg/L）；

    m ——从校准曲线上查得试样中硒的质量，单位为微克（μg）；

    V ——水样体积，单位为毫升（mL）。

32.1.6　精密度

在重复性条件下，获得的两次独立测定结果的绝对差值不得超过算术平均值的 10%。

32.1.7　其他

本法定量限为 0.25μg/L。

32.2　氢化物发生原子吸收光谱法

32.2.1　原理

取适量水样加硝酸-高氯酸消化至冒高氯酸白烟，将水中低价硒氧化为六价硒。在盐酸介质中加热煮沸水样残渣，将六价硒还原为四价硒。然后将试样调至含适量的盐酸和铁氰化钾后，置于氢化物发生器中与硼氢化钾作用生成气态硒化氢，用纯氮将硒化氢吹入高温电热石英管原子化。根据硒基态原子吸收由硒空心阴极灯发射出来的共振线的量与水中硒含量成正比，试样和标准系列同时测定，由校准曲线求水中硒含量。

如果只测四价硒和六价硒，水样可不经消化处理。如只测四价硒，水样既不消化也不用还原步骤。只要将水样调到测定范围内就可测定。

32.2.2　试剂和材料

除非另有说明，本方法所用试剂均为分析纯，水为 GB/T 6682 规定的二级水。

32.2.2.1　硝酸（$\rho_{20} = 1.42\text{g/mL}$）。

32.2.2.2　盐酸（$\rho_{20} = 1.19\text{g/mL}$）。

32.2.2.3　盐酸溶液（1+2）。

32.2.2.4　盐酸溶液（1+1）。

32.2.2.5　氢氧化钠溶液（10g/L）：称取 1g 氢氧化钠（NaOH），用水溶解，并稀释为 100mL。

32.2.2.6　硼氢化钾溶液（10g/L）：称取 1g 硼氢化钾（KBH₄），用氢氧化钠溶液溶解，并稀释至 100mL。如溶液不透明，需过滤。冰箱内保存，可稳定 1 周，否则应临用时配制。

32.2.2.7　铁氰化钾溶液（100g/L）：称取 10g 铁氰化钾[K₃Fe(CN)₆]，用水溶解，并稀释至 100mL。

32.2.2.8　硝酸-高氯酸（1+1）：同 31.1.2.5。

32.2.2.9　硒标准储备溶液[ρ(Se) = 100μg/mL]：同 31.1.2.15。

32.2.2.10　硒标准中间溶液[ρ(Se) = 10μg/mL]：吸取硒标准储备溶液 10.00mL 于容量瓶内，用盐酸溶液（32.2.2.3）定容至 100mL。

32.2.2.11　硒标准工作溶液[ρ(Se) = 0.1μg/mL]：吸取适量硒标准中间溶液，用水稀释。临用前配制。

32.2.2.12　高纯氮。

32.2.3　仪器和设备

32.2.3.1　原子吸收光谱仪。

32.2.3.2　硒空心阴极灯。

32.2.3.3　氢化物发生器和电热石英管或火焰石英管原子化器。

32.2.3.4　具塞比色管：10mL。

32.2.4　分析步骤

32.2.4.1　试样预处理

吸取 50mL 水样于 100mL 锥形瓶中，加 2.0mL 硝酸-高氯酸，在电热板上蒸发至冒高氯酸白烟，取下放冷。加 4.0mL 盐酸溶液，在沸水浴中加热 10min，取出放冷。转移至预先加有 1.0mL 铁氰化钾溶液的 10mL 具塞比色管中，加水至 10mL，混匀后测总硒。

吸取 50.0mL 水样于 100mL 锥形瓶中，加 2.0mL 盐酸，于电热板上蒸发至溶液小于 5mL，取下放冷。转移至预先加有 1.0mL 铁氰化钾溶液的 10mL 具塞比色管中，加水至 10mL，混匀后测四价硒和六价硒。

32.2.4.2　制备标准系列

分别吸取硒标准工作溶液 0mL、0.10mL、0.20mL、0.40mL、0.80mL、1.00mL、

1.20mL 和 1.50mL 置于 10mL 具塞比色管中，加 4.0mL 盐酸溶液及 1.0mL 铁氰化钾溶液，加水至 10mL，混匀后供测定。

32.2.4.3 仪器工作条件

参考仪器说明书，将仪器工作条件调整至最佳状态，仪器工作条件见表 18。

表 18 仪器工作条件

波长/nm	196
灯电流/mA	8
氮气流量/(L/min)	1.2
原子化温度/℃	800

分别吸取 5.0mL 试样溶液和标准系列于氢化物发生器中，加 3.0mL 硼氢化钾溶液，测量吸光度。以吸光度对硒浓度作图，绘制校准曲线，从曲线上查出试样管中硒的质量。

32.2.5 分析结果的表述

试样中硒含量按式（53）计算：

$$\rho(\mathrm{Se}) = \frac{m}{V} \cdots\cdots\cdots\cdots\cdots\cdots\cdots\cdots\cdots\cdots\cdots（53）$$

式中：

$\rho(\mathrm{Se})$ ——水样中硒的质量浓度，单位为毫克每升（mg/L）；

m ——从校准曲线上查得试样中硒的质量，单位为微克（μg）；

V ——水样体积，单位为毫升（mL）。

32.2.6 精密度

在重复性条件下，获得的两次独立测定结果的绝对差值不得超过算术平均值的 10%。

32.2.7 其他

本法定量限为 0.2μg/L。

32.3 氢化物发生原子荧光光谱法

32.3.1 原理

在盐酸介质中，硼氢化钾将四价硒还原为硒化氢。以氩气作载气将硒化氢从母液中分离并导入石英炉原子化器中原子化。以硒特种空心阴极灯作激发光源，使硒原子发出荧光，在一定浓度范围内，荧光强度与硒的含量成正比。

水样经硝酸-高氯酸混酸消化，将四价硒以下的无机硒和有机硒氧化成六价硒；经盐酸消化将六价硒还原为四价硒，由此测定总硒浓度。

32.3.2　试剂和材料

除非另有说明，本方法所用试剂均为分析纯，水为 GB/T 6682 规定的二级水。

32.3.2.1　盐酸（ρ_{20} = 1.19g/mL）：优级纯。

32.3.2.2　盐酸溶液[c（HCl）= 0.1mol/L]：吸取 8.4mL 浓盐酸（ρ_{20} = 1.19g/mL），用水稀释为 1000mL。

32.3.2.3　硝酸-高氯酸（1 + 1）：分别量取等体积的硝酸（ρ_{20} = 1.42g/mL，优级纯）和高氯酸（ρ_{20} = 1.68g/mL，优级纯）混合。

32.3.2.4　硼氢化钾溶液（7g/L）：称取 2g 氢氧化钾（KOH，优级纯）溶于 200mL 水中，加入 7g 硼氢化钾（KBH$_4$），并使之溶解，用水稀释至 1000mL。现用现配。

32.3.2.5　硒标准储备溶液[ρ(Se) = 100μg/mL]：同 32.1.2.15。

32.3.2.6　硒标准工作溶液[ρ(Se) = 0.05μg/mL]：将硒标准储备溶液用盐酸溶液逐级稀释，储存于冰箱中。

32.3.3　仪器和设备

32.3.3.1　原子荧光光谱仪。

32.3.3.2　硒特种空心阴极灯。

32.3.4　分析步骤

32.3.4.1　消化

吸取 5mL～20mL 水样及硒标准工作溶液 0mL、0.10mL、0.50mL、1.00mL、3.00mL、5.00mL 分别于 100mL 锥形瓶中，各加水与水样相同体积，并各加数粒玻璃珠。沿瓶壁加入 2.0mL 硝酸-高氯酸，缓缓加热浓缩至出现浓白烟，稍冷后加 5mL 水和 5mL 盐酸，加热微沸保持 3min～5min，冷却后移入 25mL 比色管中，以少许水洗涤锥形瓶，洗液合并于比色管中，并加水至刻度，摇匀。

32.3.4.2　测定

参考仪器说明书，将仪器工作条件调整至测硒最佳状态，原子荧光工作条件见表 19。

表19　硒的原子荧光工作条件

项目	条件
硒特种空心阴极灯电流/mA	60～80
日盲光电倍增管负高压/V	280～300
原子化器温度/℃	室温
氩气压力/MPa	0.02
氩气流量/(mL/min)	1000
硼氢化钾流量/(mL/s)	0.6～0.7
加液时间/s	8

吸取5.0mL样液，注入氢化物发生器中，加硼氢化钾溶液，并记录荧光强度值，绘制校准曲线。

以比色管中硒质量（μg）为横坐标，荧光强度值为纵坐标绘制校准曲线，从曲线上查出水样中硒的质量。

32.3.5　分析结果的表述

试样中硒含量按式（54）计算：

$$\rho(\text{Se}) = \frac{m}{V} \quad\cdots\cdots\cdots\cdots\cdots\cdots\cdots\cdots\cdots\cdots\cdots\cdots\cdots\cdots\text{（54）}$$

式中：

　　$\rho(\text{Se})$ ——水样中硒的质量浓度，单位为毫克每升（mg/L）；

　　m 　　——从校准曲线上查得试样中硒的质量，单位为微克（μg）；

　　V 　　——水样体积，单位为毫升（mL）。

32.3.6　精密度

在重复性条件下，获得的两次独立测定结果的绝对差值不得超过算术平均值的10%。

32.3.7　其他

本法定量限为0.25μg/L。

备注：

该标准于2016年12月23日发布，2017年6月23日实施。

附录 3　饲料中硒的测定（GB/T 13883—2008）

1　范围

本标准规定了配合饲料、浓缩饲料及预混合饲料中硒的测定方法。

本标准适用于配合饲料、浓缩饲料及预混合饲料中硒的测定。

氢化物原子荧光光谱法定量限 0.01mg/kg；荧光法定量限 0.02mg/kg。

2　规范性引用文件

下列文件中的条款通过本标准的引用而成为本标准的条款。凡是注日期的引用文件，其随后所有的修改单（不包括勘误的内容）或修订版均不适用于本标准，然而，鼓励根据本标准达成协议的各方研究是否可使用这些文件的最新版本。凡是不注日期的引用文件，其最新版本适用于本标准。

GB/T 6682　分析实验室用水规格和试验方法（GB/T 6682—1992，neq ISO 3696：1987）

GB/T 14699.1　饲料　采样（GB/T 14699.1—2005，ISO 6497：2002，IDT）

GB/T 20195　动物饲料　试样的制备（GB/T 20195—2006，ISO 6498：1998，IDT）

3　第一法　氢化物原子荧光光谱法（仲裁法）

3.1　原理

试样经酸加热消化后，在盐酸介质中，将试样中的六价硒还原成四价硒，用硼氢化钠作还原剂，将四价硒在盐酸介质中还原成硒化氢，由载气带入器中进行原子化，在硒空心阴极灯照射下，基态硒原子被激发至高能态，在去活化回到基态时，发射出特征波长的荧光，其荧光强度与硒含量成正比，与标准系列比较定量。

3.2　试剂

以下试剂除特别注明外，均为分析纯，水应符合 GB/T 6682 中规定的二级水。

3.2.1　硝酸：优级纯。

3.2.2　高氯酸：优级纯。

3.2.3　盐酸：优级纯。

3.2.4　混合酸溶液：硝酸 + 高氯酸 = 4 + 1。

3.2.5　氢氧化钠：优级纯。

3.2.6 硒粉：光谱纯。

3.2.7 硼氢化钠溶液（5g/L）：称取 5.0g 硼氢化钠（NaBH₄），溶于氢氧化钠溶液（5g/L），然后定容至 1L。

3.2.8 铁氰化钾溶液（200g/L）：称取 20.0g 铁氰化钾[K₃Fe(CN)₆]，溶于 100mL 水中，混匀。

3.2.9 硒标准贮备液：准确称取 100.0mg 硒粉（3.2.6），溶于少量硝酸（3.2.1）中，加 2mL 高氯酸（3.2.2），置沸水浴中加热 3h～4h 冷却后再加 8.4mL 盐酸（3.2.3），再置沸水浴中煮 2min，用水移入 1L 容量瓶中，稀释至刻度，摇匀。其盐酸浓度为 0.1mol/L，此贮备液浓度为每毫升含 100μg 硒。

3.2.10 硒标准工作液：准确量取 1.00mL 硒标准贮备液（3.2.9）于 100mL 容量瓶中，用水稀释至刻度，摇匀。此标准工作液为每毫升 1μg 硒。现用现配。

3.3 仪器、设备

3.3.1 分析天平：感量 0.0001g。

3.3.2 原子荧光光度计。

3.3.3 电热板。

3.3.4 实验室用样品粉碎机。

3.3.5 载气：氩气或氮气。

3.4 试样的制备

按 GB/T 14699.1 采样，按 GB/T 20195 制备试样，试样磨碎，通过 0.45mm 孔筛，混匀，装入密闭容器中，避光低温保存备用。

3.5 测定步骤

3.5.1 试样的处理

称取试样 2.0g，精确到 0.0001g，置于 100mL 高型烧杯内，加 15.0mL 混合酸溶液（3.2.4）及几粒玻璃珠，盖上表面皿冷消化过夜。次日于电热板上加热，当溶液高氯酸冒烟时，再继续加热至剩余体积 2mL 左右，切不可蒸干。冷却，再加 2.5mL 盐酸（3.2.3），用水吹洗表面皿和杯壁，继续加热至高氯酸冒烟时，冷却，移入 50mL 容量瓶中，用水稀释至刻度，摇匀，作为试样消化液，量取 20mL 试样消化液于 50mL 容量瓶中，加 8mL 盐酸（3.2.3），加 2mL 铁氰化钾溶液（3.2.8），用水稀释至刻度，摇匀，待测。

同时在相同条件下，做试剂空白试验。

3.5.2 标准曲线的制备

分别准确量取 0.0，0.25，0.50，1.00，2.00，3.00mL 硒标准工作液（3.2.10）于 50mL 容量瓶中，加入 10mL 水，加入 8mL 盐酸（3.2.3），加 2mL 铁氰化钾溶液（3.2.8），用水稀释至刻度，摇匀。

3.5.3 仪器参考条件

光电倍增管负高压：340V；硒空心阴极灯电流：60mA；原子化温度：800℃；炉高：8mm；载气流速：500mL/min；屏蔽气流速 1000mL/min；测量方式：标准曲线法；读数方式：峰面积；延迟时间：1s；读数时间：15s；加液时间：8s；进样体积：2mL。

3.5.4 测量

设定好仪器最佳条件，待炉温升至设定温度后，稳定 15min～20min 开始测量。连续用标准系列的零瓶进样，待读数稳定之后，首先进行标准系列测量，绘制标准曲线。再转入试样测量，分别测量试剂空白和试样，在测量不同的试样前进样器应清洗。测其荧光强度，求出回归方程各参数或绘制出标准曲线。从标准曲线上查得溶液中含硒量，试样中的硒测定结果按 3.6.1 计算。

3.6 分析结果的计算和表示

3.6.1 结果计算

试样中硒含量 X，以质量分数计，数值以毫克每千克（mg/kg）表示，按式（1）计算。

$$X = \frac{(c-c_0) \times V_0 \times 1000}{m \times V_1 \times 1000 \times 1000} = \frac{(c-c_0) \times V_0}{m \times V_1 \times 1000} \quad\cdots\cdots\cdots\cdots\cdots\cdots\quad (1)$$

式中：

c ——试样消化液中硒的浓度，单位为纳克每毫升（ng/mL）；

c_0 ——试剂空白液中硒的浓度，单位为纳克每毫升（ng/mL）；

V_0 ——试样消化液总体积，单位为毫升（mL）；

m ——试样质量，单位为克（g）；

V_1 ——分取试液的体积，单位为毫升（mL）。

测定结果用平行测定后的算术平均值表示，计算结果表示到 0.01mg/kg。

3.6.2 重复性

在同一实验室，同一分析者对两次平行测定的结果，应符合以下相对偏差的要求：

当硒的质量分数小于或等于 0.20mg/kg 时，相对偏差≤25%；

当硒的质量分数大于 0.20mg/kg 而小于 0.40mg/kg 时，相对偏差≤20%；

当硒的质量分数大于 0.40mg/kg，相对偏差≤12%。

4　第二法　2, 3 二氨基萘荧光法

4.1　原理

试样经混合酸消化，使硒游离出来，在微酸溶液中硒（Se^{4+}）和 2, 3-二氨基萘（DAN）生成 4, 5-苯基苯并硒二唑，用环己烷直接在生成络合物的同一酸度溶液中萃取。用荧光光度计在激发波长为 376nm、发射波长 520nm 条件下测定荧光强度，从而计算出试样中硒的含量。

4.2　试剂

以下试剂除特别注明外，均为分析纯，水应符合 GB/T 6682 中规定的二级水。

4.2.1　高氯酸：优级纯。

4.2.2　硝酸：优级纯。

4.2.3　氨水溶液：1 + 1。

4.2.4　盐酸溶液：$c(HCl) = 3mol/L$。

4.2.5　盐酸溶液：$c(HCl) = 0.1mol/L$。

4.2.6　环己烷：若有荧光杂质，需重新蒸后使用。

4.2.7　盐酸羟胺-乙二胺四乙酸二钠（EDTA）溶液：称取 10g EDTA 溶于 500mL 水中，加入 25g 盐酸羟胺使其溶解，用水稀释至 1L。

4.2.8　2, 3-二氨基萘（DAN）溶液：称取 0.1g DAN 于 250mL 烧杯中，加入 100mL 盐酸溶液（4.2.5）使其溶解，移入 250mL 分液漏斗，加入 20mL 环己烷（4.2.6）振荡 1min，待分层后弃去环己烷，水相重复用环己烷处理 2 次～3 次。水相放入棕色瓶中上面加盖 1cm 厚的环己烷，在暗处保存，此溶液可使用数周。

4.2.9　硒标准工作液：准确量取 10.0mL 硒标准工作液（3.2.10）于 50mL 容量瓶，用水稀释至刻度，摇匀。此标准工作液为每毫升含 0.2μg 硒，现用现配。

4.2.10　甲酚红指示剂（0.4g/L）：称取 0.04g 甲酚红于 150mL 烧杯中，加少许氨水溶液（4.2.3）使其溶解后用水稀释至 100mL，摇匀。

4.3　仪器

荧光光度计。

4.4　试剂的制备

同 3.4。

4.5　测定步骤

4.5.1　试样的处理

4.5.1.1　配合饲料、浓缩饲料

　　称取试样 1.0g，准确至 0.0001g（Se≤0.4μg），置入 100mL 高型烧杯中，用水润湿试样加 10mL 硝酸（4.2.2），加盖表面皿，放在电热板上低温加热，煮沸至硝酸体积减少到 5mL 时，取下稍冷加入 5mL 高氯酸（4.2.1）继续加热至高氯酸冒烟，取下稍冷，用水吹洗表面皿和杯壁，放在电热板上由低温升温至高氯酸冒烟并保持 5min～10min，取下冷却，加入 1mL 水和 1mL 盐酸溶液（4.2.4）煮沸，摇匀，放置 10mim，用水移入 50mL 具塞比色管中［对于高含量硒样品，将消化液稀释至 100mL 容量瓶，量取部分溶液（Se≤0.4μg）于 50mL 具塞比色管中］，稀释至 30mL，加二滴甲酚红指示剂（4.2.10），用氨水溶液（4.2.3）中和至黄色，用盐酸溶液（4.2.4）中和至橙色（pH 1.5～2），加入 3mL 盐经羟胺溶液（4.2.7）摇匀，加入 2mL DAN 溶液（4.2.8），盖好塞子，摇匀，打开塞子，置于 100℃沸水中保持 5min。取出冷却至室温，用盐酸溶液（4.2.5）稀释至刻度，加 5mL 环己烷（4.2.6）振荡 1min，静置分层后，用作待测溶液。

　　同时在相同条件下，做试剂空白试验。

4.5.1.2　预混合饲料

　　对于预混料样品，称取 1.0g 样品（准确到 0.0001g），置入 100mL 高型烧杯中，加入 10mL 水和 15mL 硝酸（4.2.2），盖上表面皿，放在电热板上低温煮沸 30min，取下冷却，用水移入 100mL 容瓶中，稀释至刻度，摇匀，量取部分上清液（Se≤0.4μg）于 100mL 高型烧杯中，加入 5mL 高氯酸（4.2.1），以下按 4.5.1.1 加高氯酸后的分析步骤进行。

4.5.2　标准曲线的制备

　　分别准确量取 0.00，0.50，1.00，2.00，3.00，4.00mL 硒标准工作液（4.2.9），于 50mL 具塞比色管中，加入 2 滴甲酚红指示剂（4.2.10），以下按 4.5.1.1 "用氨水溶液（4.2.3）中和"后的分析步骤进行。

4.5.3　试样的测定

　　将待测溶液（4.5.1.1）上层的环己烷溶液吸入 1cm 石英杯中，用荧光光度计在激发波长为 376nm、发射波长为 520nm 处分别测定其荧光强度，同时进行标准

曲线的测定，绘制标准曲线。从标准曲线上查得溶液中含硒量，试样中硒的测定结果按 4.6.1 计算。

4.6 分析结果的计算和表示

4.6.1 结果计算

试样中硒含量 X，以质量分数计，数值以毫克每千克（mg/kg）表示，按式（2）计算。

$$X = \frac{(m_1 - m_2) \times V_0 \times 1000}{m_0 \times V_1 \times 1000} = \frac{(m_1 - m_2) \times V_0}{m_0 \times V_1} \cdots\cdots\cdots\cdots （2）$$

式中：

m_1——自标准曲线上查得样品的硒质量分数，单位为微克（μg）；

m_2——自标准曲线上查得空白的硒质量分数，单位为微克（μg）；

V_0——试液的总体积，单位为毫升（mL）；

m_0——试样的质量，单位为克（g）；

V_1——分取试液的体积，单位为毫升（mL）。

测定结果用平行测定后的算术平均值表示，计算结果表示到 0.01mg/kg。

4.6.2 重复性

在同一实验室，同一分析者对两次平行测定的结果，应符合以下相对偏差的要求：

当硒的质量分数小于或等于 0.10mg/kg 时，相对偏差≤40%；

当硒的质量分数大于 0.10mg/kg 而小于 0.40mg/kg 时，相对偏差≤20%；

当硒的质量分数大于 0.40mg/kg 时，相对偏差≤15%。

备注：

该标准 2008 年 8 月 1 日发布，2008 年 11 月 1 日实施。

附录 4 生活饮用水标准检验方法 金属指标
（GB/T 5750.6—2006）

············

7 硒

7.1 氢化物原子荧光法

7.1.1 范围

本标准规定了用氢化物原子荧光法测定生活饮用水及其水源水中的硒。

本法适用于生活饮用水及其水源水中硒的测定。

本法最低检测质量为 0.5ng，若取 0.5mL 水样测定，则最低检测质量浓度为 0.4μg/L。

7.1.2 原理

在盐酸介质中以硼氢化钠（NaBH$_4$）或硼氢化钾（KBH$_4$）作还原剂，将硒还原成硒化氢（SeH$_4$）*，由载气（氩气）带入原子化器中进行原子化，在硒特制空心阴极灯照射下，基态硒原子被激发至高能态，在去活化回到基态时，发射出特征波长的荧光，在一定浓度范围内其荧光强度与硒含量成正比。与标准系列比较定量。

7.1.3 试剂

7.1.3.1 硝酸 + 高氯酸混合酸（1 + 1）：将硝酸（ρ_{20} = 1.42g/L，优级纯）与高氯酸（ρ_{20} = 1.68g/mL，优级纯）等体积混合。

7.1.3.2 盐酸（ρ_{20} = 1.19g/mL），优级纯。

7.1.3.3 盐酸溶液（5 + 95）：取 25ml 盐酸（7.1.3.2），用纯水稀释至 500mL。

7.1.3.4 盐酸溶液（1 + 1）。

7.1.3.5 氢氧化钠溶液（2g/L）：称取 1g 氢氧化钠溶于纯水中，稀释至 500mL。

7.1.3.6 硼氢化钠溶液（NaBH$_4$）溶液（20g/L）：称取硼氢化钠 10.0g 溶于氢氧化钠溶液（7.1.3.5）500mL，混匀。

7.1.3.7 铁氰化钾（100g/L）：称取 10.0g 铁氰化钾，溶于 100mL 蒸馏水中，混匀。

7.1.3.8 硒标准储备溶液[ρ(Se) = 100.0μg/mL]：精确称取 100.0mg 硒（光谱纯），溶于少量硝酸中，加 2mL 高氯酸（ρ_{20} = 1.68g/mL，优级纯），置沸水浴中加热 3h～4h 冷却后再加 8.4mL 盐酸，再置沸水浴中煮 2min，用纯水定容至 1000mL。

7.1.3.9 硒标准中间溶液[ρ(Se) = 1.0μg/mL]：取 5.0mL 硒标准储备溶液（7.1.3.8）于 500mL 容量瓶中，用纯水定容至刻度。

7.1.3.10 硒标准使用液[ρ(Se) = 0.10μg/mL]：取 10.0mL 硒标准中间溶液（7.1.3.9）于 100mL 容量瓶中，用纯水定容至刻度。

7.1.4 仪器

7.1.4.1 原子荧光光度计。

7.1.4.2 硒空心阴极灯。

7.1.5 分析步骤

7.1.5.1 样品预处理

---

* 疑为笔误，应为 SeH$_2$——作者注。

取 25mL 水样加入 2.5mL 硝酸-高氯酸混合酸（7.1.3.1），在电热板上加热消解。当溶液冒有白烟时，取下冷却，再加入 2.5mL 盐酸溶液（7.1.3.4），继续加热至溶液冒有白烟时，以完全将六价硒还原成四价硒。取下冷却，用纯水转移至比色管中，用纯水定容至 10mL。同时做空白试验。

7.1.5.2　标准曲线的配制

分别吸取硒标准使用液（7.1.3.10）0mL，0.10mL，0.50mL，1.00mL，3.00mL，5.00mL 于比色管中，用纯水定容至 10mL，使硒的浓度分别 0.0μg/L，1.0μg/L，5.0μg/L，10.0μg/L，30.0μg/L，50.0μg/L。

7.1.5.3　在样品溶液和标准曲线溶液中分别加入 1mL 盐酸（7.1.3.2），1mL 铁氰化钾（7.1.3.7），混匀。

7.1.5.4　测定条件

负高压：340V；灯电流：70mA；炉高：8mm；载气流量：500mL/min；屏蔽气流量：1000mL/min；测量方式：标准曲线法；读数方式：峰面积；延迟时间：1s；读数时间：12s；进样体积：0.5mL；载流：盐酸溶液（7.1.3.4）。

7.1.5.5　测定

开机，设定仪器最佳条件，点燃原子化器炉丝，稳定 30min 后开始测定，绘制标准曲线、计算回归方程（$Y = aX + b$）。

以所测样品的荧光强度，从标准曲线或回归方程中查得样品消化溶液中硒元素的质量浓度（μg/L）。

7.1.6　计算

样品中硒的质量浓度计算见式（21）：

$$\rho(\text{Se}) = \frac{\rho \times 10}{25 \times 1000} \quad\cdots\cdots\cdots\cdots\cdots\cdots\cdots\cdots\cdots\cdots\cdots\cdots \text{（21）}$$

式中：

$\rho(\text{Se})$ ——样品中硒的质量浓度，单位为毫克每升（mg/L）；

ρ 　　——样品消化液测定浓度，单位为微克每升（μg/L）。

7.1.7　精密度和准确度

3 个实验室测定含硒 5.0μg/L～80.0μg/L 的水样，测定 8 次，其相对标准偏差 RSD 均小于 5.0%，在水样中加入 10.0μg/L～80.0μg/L 的硒标准溶液，回收率为 85.0%～116%。

7.2 二氨基萘荧光法

7.2.1 范围

本标准规定了用二氨基萘荧光法测定生活饮用水及其水源水中的总硒。

本法适用于生活饮用水及其水源水中的总硒测定。

本法最低检测质量为 0.005μg，若取 20mL 水样测定，则最低检测质量浓度为 0.25μg/L。

20mL 水样中分别存在下列含量的元素不干扰测定：砷，30μg；铍，27μg；镉，5μg；钴，30μg；铬，30μg；铜，35μg；汞，1.0μg；铁，100μg；铅，50μg；锰，40μg；镍，20μg；钒，100μg 和锌，50μg。

7.2.2 原理

2,3-二氨基萘在 pH 1.5～2.0 溶液中，选择性地与四价硒离子反应生成苯并（a）硒二唑化合物绿色荧光物质，由环己烷萃取，产生的荧光强度与四价硒含量成正比，水样需先经硝酸-高氯酸混合酸消化将四价以下的无机和有机硒氧化为四价硒，再经盐酸消化将六价硒还原为四价硒，然后测定总硒含量。

7.2.3 试剂

7.2.3.1　高氯酸（$\rho_{20} = 1.67$g/mL）。

7.2.3.2　盐酸（$\rho_{20} = 1.19$g/mL）。

7.2.3.3　盐酸溶液[c（HCl）= 0.1mol/L]：取 8.4mL 盐酸（7.2.3.2），用纯水稀释为 1000mL。

7.2.3.4　硝酸（$\rho_{20} = 1.42$g/mL）：优级纯。

7.2.3.5　硝酸 + 高氯酸（1 + 1）。

7.2.3.6　盐酸溶液（1 + 4）。

7.2.3.7　氨水（1 + 1）。

7.2.3.8　乙二胺四乙酸二钠溶液（50g/L）：称取 5g 乙二胺四乙酸二钠（$C_{10}H_{14}N_2O_8Na_2 \cdot 2H_2O$）于少量纯水中，加热溶解，放冷后稀释至 100mL。

7.2.3.9　盐酸羟胺溶液（100g/L）。

7.2.3.10　精密 pH 试纸：pH 0.5～5.0。

7.2.3.11　甲酚红溶液（0.2g/L）：称取 20mg 甲酚红（$C_{21}H_{18}O_5S$），溶于少量纯水中，加 1 滴氨水（7.2.3.7）使完全溶解，加纯水稀释至 100mL。

7.2.3.12　混合试剂：取 50mL 乙二胺四乙酸二钠溶液（7.2.3.8），50mL 盐酸羟胺溶液（7.2.3.9）及 2.5mL 甲酚红溶液（7.2.3.11），加纯水稀释至 500mL，混匀，临用前配制。

7.2.3.13 环己烷：不得含有荧光杂质，必要时需重蒸，用过的环己烷重蒸后可再用。

7.2.3.14 2, 3-二氨基萘溶液（1g/L，此溶液需在暗室中配制）：称取 100mg 2, 3-二氨基萘[$C_{10}H_6(NH_2)_2$，简称 DAN]于 250mL 磨口锥形瓶中，加入 100mL 盐酸溶液（7.2.3.3），振摇至全部溶解（约 15min）后，加入 20mL 环己烷继续振摇 5min，移入底部塞有玻璃棉（或脱脂棉）的分液漏斗中，静置分层后将水相放回原锥形瓶内，再用环己烷萃取多次（次数视 DAN 试剂中荧光杂质多少而定，一般需 5 次～6 次），直到环己烷相荧光最低为止。将此纯化的水溶液储于棕色瓶中，加一层约 1cm 厚的环己烷以隔绝空气，置冰箱内保存。用前再用环己烷萃取一次。经常使用以每月配制一次为宜，不经常使用可保存 1 年。

7.2.3.15 硒标准储备溶液[$\rho(Se) = 100\mu g/mL$]：见 7.1.3.8。

7.2.3.16 硒标准使用液[$\rho(Se) = 0.05\mu g/mL$]：将硒标准储备溶液（7.2.3.15）用盐酸溶液（7.2.3.3）稀释，储于冰箱内备用。

7.2.4 仪器

本标准首次使用的玻璃器皿，均须以硝酸（1 + 1）浸泡 4h 以上，并用自来水，纯水淋洗洁净；本标准用过的玻璃器皿，以自来水淋洗后，于洗涤剂溶液（5g/L）中浸泡 2h 以上，并用自来水、纯水洗净。

7.2.4.1 磨口锥形瓶：100mL。

7.2.4.2 分液漏斗（活塞勿涂油）：25mL 及 250mL。

7.2.4.3 具塞比色管：5mL。

7.2.4.4 电热板。

7.2.4.5 水浴锅。

7.2.4.6 荧光分光光度计或荧光光度计。

7.2.5 分析步骤

7.2.5.1 消化

7.2.5.1.1 吸取 5.00mL～20.00mL 水样及硒标准使用溶液（7.2.3.16）0mL，0.10mL，0.30mL，0.50mL，0.70mL，1.00mL，1.50mL 和 2.00mL 分别于 100mL 磨口锥形瓶中，各加纯水至与水样相同体积。

7.2.5.1.2 沿瓶壁加入 2.5mL 硝酸 + 高氯酸（7.2.3.5），将瓶（勿盖塞）置于电热板上加热至瓶内产生浓白烟，溶液由无色变成浅黄色（瓶内溶液太少时，颜色变化不明显，以观察浓白烟为准）为止，立即取下。

注：由于消化不完全，具荧光杂质未被完全分解而产生干扰，使测定结果偏高。消化完全后还继续加热将会造成硒的损失。

7.2.5.1.3　稍冷后加入 2.5mL 盐酸溶液（7.2.3.6），继续加热至呈浅黄色，立即取下。

7.2.5.2　消化完毕的溶液放冷后，各瓶均加入 10mL 混合试剂（7.2.3.12），摇匀，溶液应呈桃红色，用氨水（7.2.3.7）调节至浅橙色，若氨水加过量，溶液呈黄色或桃红（微带蓝）色，需用盐酸溶液（7.2.3.6）再调回至浅橙色，此时溶液 pH 值为 1.5～2.0，必要时需用 pH 0.5～5.0 精密试纸（7.2.3.10）检验，然后冷却。

注：四价硒与 2,3-二氨基萘必须在酸性溶液中反应，pH 值以 1.5～2.0 为最佳，过低时溶液易乳化，太高时测定结果偏高。甲酚红指示剂有 pH 2～3 及 7.2～8.8 两个变色范围，前者是由桃红色变为黄色，后者是由黄色变成桃红（微带蓝）色，本标准是采用前一个变色范围，将溶液调节至浅橙色 pH 值为 1.5～2.0 最适宜。

7.2.5.3　本步骤需在暗室内黄色灯下操作。向上述各瓶内加入 2mL 2,3 二氨基萘溶液（7.2.3.14），摇匀，置沸水浴中加热 5min（自放入沸水浴中算起），取出，冷却。

7.2.5.4　向各瓶加入 4.0mL 环己烷（7.2.3.13），加盖密塞，振摇 2min。全部溶液移入分液漏斗（勿涂油）中，待分层后，弃去水相，将环己烷相由分液漏斗上口（先用滤纸擦干净）倾入具塞试管内，密塞待测。

7.2.5.5　荧光测定：可选用下列仪器之一测定荧光强度。

7.2.5.5.1　荧光分光光度计：激发光波长 376nm，发射光波长为 520nm。

7.2.5.5.2　荧光光度计：不同型号的仪器具备的滤光片不同，应选择适当滤光片。可用激发光滤片为 330nm，荧光滤片为 510nm（截止型）和 530nm（带通型）组合滤片。

7.2.5.6　绘制工作曲线，从曲线上查出水样管中硒的质量

7.2.6　计算

水样中硒的质量浓度计算见式（22）：

$$\rho(\text{Se}) = \frac{m}{V} \quad\cdots\cdots\cdots\cdots\cdots\cdots\cdots\cdots\cdots\cdots\cdots\cdots\cdots \text{（22）}$$

式中：

　　　　$\rho(\text{Se})$ ——水样中硒的质量浓度，单位为毫克每升（mg/L）；

　　　　m　　——从工作曲线上查得的水样管中硒质量，单位为微克（μg）；

　　　　V　　——水样体积，单位为毫升（mL）。

7.2.7　精密度和准确度

单个实验室测定含 0.25μg/L～10.0μg/L 硒标准溶液，重复 6 次以上，相对标准偏差为 2.1%～24%。测定 19 个不同硒浓度及类型的水样，每个样品重复 7 次

以上，硒含量低于 0.3μg/L 时相对标准偏差大于 20%；硒含量大于 1μg/L 时，相对标准偏差均小于 10%，测定 36 个不同类型的水样，硒浓度为小于 0.25μg/L～42μg/L，加入标准 0.25μg/L～10.0μg/L，硒的平均回收率为 91%～105%。

7.3　氢化原子吸收分光光度法

7.3.1　范围

本标准规定了用氢化原子吸收分光光度法测定生活饮用水及其水源水中的总硒。

本法适用于生活饮用水及其水源水中总硒的测定。

本法最低检测质量为 0.01μg，若取 50mL 水样处理后测定，则最低检测质量浓度为 0.2μg/L。

水中常见金属及非金属离子均不干扰测定。

7.3.2　原理

水样中二价硒和六价硒分别氧化和还原成四价硒，经硼氢化钾硒化氢，用氢化原子吸收分光光度法测定。

如果只需测四价和六价硒，水样可不经消化处理；又如只需测四价硒，水样可不经过消化和还原步骤，只需将水样调节到测定范围内直接测定。

7.3.3　试剂

7.3.3.1　硝酸（$\rho_{20}=1.42$g/mL）。

7.3.3.2　盐酸（$\rho_{20}=1.19$g/mL）。

7.3.3.3　盐酸溶液（1＋2）。

7.3.3.4　盐酸溶液（1＋1）。

7.3.3.5　氢氧化钠溶液（10g/L）：称取 1g 氢氧化钠,用纯水溶解，并稀释为 100mL。

7.3.3.6　硼氢化钾溶液（10g/L）:称取1g硼氢化钾（KBH_4）用氢氧化钠溶液（7.3.3.5）溶解并稀释为 100mL。如溶液不透明，需过滤。冰箱内保存，可稳定 1W，否则应临用时配制。

7.3.3.7　铁氰化钾溶液（100g/L）：称取 10g 铁氰化钾[$K_3Fe(CN)_6$]，用纯水溶解，并稀释为 100mL。

7.3.3.8　硝酸＋高氯酸（1＋1）：见 7.2.3.5。

7.3.3.9　硒标准储备溶液[$\rho(Se)=100$μg/mL]：见 7.1.3.8。

7.3.3.10　硒标准中间溶液[$\rho(Se)=10$μg/mL]：吸取 10.00mL 硒标准储备溶液（7.3.3.9），在容量瓶内，用盐酸溶液（7.3.3.3）稀释为 100mL。

7.3.3.11 硒标准使用溶液[ρ(Se) = 0.1μg/mL]：取适量硒标准中间溶液（7.3.3.10），用纯水稀释成 ρ(Se) = 0.1μg/mL。临用前配制。

7.3.3.12 高纯氮。

7.3.4 仪器

7.3.4.1 原子吸收分光光度计。

7.3.4.2 硒空心阴极灯。

7.3.4.3 氢化物发生器和电热石英管或火焰石英管原子化器。

7.3.4.4 具塞比色管：10mL。

7.3.5 分析步骤

7.3.5.1 样品预处理

7.3.5.1.1 吸取 50mL 水样于 100mL 锥形瓶中，加 2.0mL 硝酸＋高氯酸（7.3.3.8），在电热板上蒸发至冒高氯酸白烟，取下放冷。加 4.0mL 盐酸溶液（7.3.3.4），在沸水浴中加热 10min，取出放冷。转移至预先加有 1.0mL 铁氰化钾溶液（7.3.3.7）的 10mL 具塞比色管中，加纯水至 10mL，混匀后测总硒。

7.3.5.1.2 吸取 50.0mL 水样于 100mL 锥形瓶中，加 2.0mL 盐酸（7.3.3.2），于电热板上蒸发至溶液体积小于 5mL，取下放冷，转移至预先加有 1.0mL 铁氰化钾溶液（7.3.3.7）的 10mL 具塞比色管中，加纯水至 10mL，混匀后测四价和六价硒。

7.3.5.2 制备标准系列：分别将 0mL，0.10mL，0.20m1，0.40mL，0.80mL，1.00mL，1.20mL 和 1.50mL 硒标准使用溶液（7.3.3.11）置于 10mL 具塞比色管中，加 4.0mL 盐酸溶液（7.3.3.4）及 1.0mL 铁氰化钾溶液（7.3.3.7），加纯水至 10mL，混匀后供测定。

7.3.5.3 测定

7.3.5.3.1 仪器参数见表 7。

表 7　测定硒的仪器参数

元素	波长/nm	灯电流/mA	氮气流量/(L/min)	原子化温度/℃
Se	196	8	1.2	800

7.3.5.3.2 分别取 5.0mL 标准系列和样品溶液（7.3.5.1～7.3.5.2）于氢化物发生器中，加 3.0mL 硼氢化钾溶液（7.3.3.6），测量吸光度。

7.3.5.4 绘制标准曲线，从曲线上查出样品管中硒的质量。

7.3.6　计算

水样中硒的质量浓度计算见式（23）：

$$\rho(\text{Se}) = \frac{m}{V} \quad\cdots\cdots\cdots\cdots\cdots\cdots\cdots\cdots\cdots\cdots\cdots\quad (23)$$

式中：

　　$\rho(\text{Se})$——水样中硒的质量浓度，单位为毫克每升（mg/L）；

　　m　　——从标准曲线上查得硒的质量，单位为微克（μg）；

　　V　　——水样体积，单位为毫升（mL）。

7.3.7　精密度和准确度

4个实验室测定含硒0.51μg/L～6.15μg/L的水样，其相对标准偏差为2.4%～4.7%；加标回收试验，在2.0μg/L～10.0μg/L范围，回收率大于90.0%。

7.4　催化示波极谱法

7.4.1　范围

本标准规定了用催化示波极谱法测定饮用水及其水源水中的总硒。

本法适用于饮用水及其水源水中总硒的测定。

本法最低检测质量为0.004μg，若取10mL水样测定，则最低检测质量浓度为0.4μg/L。

水中常见离子及1000mg/L钙，10mg/L铁、锰和锌，1mg/L砷不干扰测定；5mg/L银、3mg/L铜、0.1mg/L碲出现负干扰，但饮用水及其水源水中银、铜、碲含量甚微，可以不考虑。

7.4.2　原理

在高氯酸介质中，四价硒与亚硫酸钠形成硒的络盐，用EDTA作掩蔽剂，在氨-氯化铵-碘酸钾催化体系中，在峰电位为-0.85V（对饱和甘汞电极）产生灵敏的催化波，根据峰高计算出硒含量。

水样以高氯酸消化，可将四价以下的无机和有机硒氧化成Se^{4+}，用盐酸将Se^{6+}还原成Se^{4+}，测出结果为总硒含量。

7.4.3　试剂

配制试剂或稀释溶液等所用的纯水均为去离子蒸馏水，试剂均为优级纯。

7.4.3.1　盐酸（$\rho_{20} = 1.19\text{g/mL}$）。

7.4.3.2　高氯酸（$\rho_{20} = 1.68\text{g/mL}$）。

7.4.3.3　硝酸（$\rho_{20} = 1.42\text{g/mL}$）。

7.4.3.4　氨水（$\rho_{20} = 0.88\text{g/mL}$）。

7.4.3.5　盐酸溶液[$c(\text{HCl}) = 0.1\text{mol/L}$]：取 8.3mL 盐酸（7.4.3.1），加纯水稀释至 1000mL。

7.4.3.6　高氯酸溶液（1 + 1）：取 50mL 高氯酸（7.4.3.2），加入 50mL 纯水中，混匀。

7.4.3.7　亚硫酸钠溶液（100g/L）：称取 10g 亚硫酸钠（Na_2SO_3），用纯水溶解后稀释至 100mL。

7.4.3.8　碘酸钾溶液（30g/L）：称取 3g 碘酸钾（KIO_3），加入 50mL 纯水及 20mL 氨水（7.4.3.4），溶解后用纯水稀释至 100mL。

7.4.3.9　混合试剂：取 30mL 氨水（7.4.3.4）加入 100mL 纯水中，再加人 12.5g 氯化铵及 1.0g Na_2EDTA，溶解后用纯水稀释至 250mL。

7.4.3.10　硒标准储备溶液：见 7.1.3.8

7.4.3.11　硒标准使用溶液：临用时将硒标准储备溶液（7.4.3.10）用盐酸溶液（7.4.3.5）稀释成 $\rho(\text{Se}) = 0.04\mu\text{g/mL}$。

7.4.4　仪器

7.4.4.1　示波极谱仪。

7.4.4.2　电热板：可控制温度在 300℃ 以下。

7.4.4.3　具塞比色管：25mL。

7.4.5　分析步骤

7.4.5.1　吸取 10.0mL 水样于 50mL 锥形瓶中，加 0.50mL 高氯酸溶液（7.4.3.6），于电热板上加热至近于（约剩余 0.5mL）时取下，趁热加 2 滴盐酸（7.4.3.1），混匀。冷至室温后转入 25mL 具塞比色管中，补加纯水至 10mL。

7.4.5.2　取 8 支 25mL 比色管，分别加入硒标准使用溶液（7.4.3.11）0mL，0.10mL，0.50mL，1.00mL，1.50mL，2.00mL，3.00mL 和 4.00mL，补加纯水至 10mL。

7.4.5.3　向样品及标准管中各加 2.0mL 亚硫酸钠溶液（7.4.3.7），混匀，放置 20min；各加 1.0mL 混合试剂（7.4.3.9），3.0mL 碘酸钾溶液（7.4.3.8），补加纯水至 25mL 刻度，混匀。放置 30min 后至 10h 内进行测定。

7.4.5.4　于示波极谱仪上，用三电极系统，阴极化，原点电位为−0.60V，导数扫描，在−0.85V 处读取水样及标准系列的峰高。

7.4.5.5　以硒含量为横坐标，峰高为纵坐标，绘制标准曲线，从曲线上查出水样中硒的质量。

7.4.6　计算

水样中硒的质量浓度计算见式（24）：

$$\rho(\text{Se}) = \frac{m}{V} \cdots\cdots\cdots\cdots\cdots\cdots\cdots\cdots\cdots\cdots\cdots\cdots （24）$$

式中：

$\rho(\text{Se})$——水样中硒的质量浓度，单位为毫克每升（mg/L）；

m　　——扣除试验空白后在标准曲线上查得硒的质量，单位为微克（μg）；

V　　——水样体积，单位为毫升（mL）。

7.4.7　精密度和准确度

4 个实验室对含硒 2μg/L 及 8μg/L 的水样，测定的相对标准偏差为 8.7%～2.1%，加入硒标准为 0.8μg/L 及 6μg/L，回收率分别为 85%～115% 及 95%～110%。

7.5　二氢基联苯胺分光光度法

7.5.1　范围

本标准规定了用二氨基联苯胺分光光度法测定生活饮用水及其水源水中的总硒。本法适用于饮用水及其水源水中总硒的测定。

本法最低检测质量为 1μg 硒，若取 200mL 水样测定，则最低检测质量浓度为 5μg/L。

7.5.2　原理

在酸性条件下，3,3'-二氨基联苯胺与硒作用生成黄色化合物，pH 在 7 左右时能被甲苯萃取，比色定量。水样需经混合酸液消化后，将四价以下的无机和有机硒氧化至四价硒，再经盐酸消化将六价硒还原至四价硒，然后测定总硒含量。

7.5.3　试剂

7.5.3.1　精密 pH 试纸：pH 0.5～5.0 及 pH 5.4～7.0。

7.5.3.2　硝酸＋高氯酸（1＋1）：见 7.1.3.1。

7.5.3.3　盐酸溶液（1＋4）。

7.5.3.4　乙二胺四乙酸二钠溶液（50g/L）：见 7.2.3.8。

7.5.3.5　盐酸羟胺溶液（100g/L）。

7.5.3.6　甲酚红溶液（0.2g/L）：见 7.2.3.11。

7.5.3.7　混合试剂：见 7.2.3.12。

7.5.3.8　氢氧化钠溶液（100g/L）。

7.5.3.9　3,3′-二氨基联苯胺盐酸溶液（5g/L）：称取 0.5g 3,3′-二氨基联苯胺盐酸盐 [$(NH_2)_2C_6H_3C_6H_3(NH_2)_2·4HCl·2H_2O$]，溶于纯水中，并稀释至 100mL。临用前配制。

7.5.3.10　甲苯。

7.5.3.11　硒标准储备溶液：见 7.1.3.8。

7.5.3.12　硒标准使用溶液：将硒标准储备溶液（7.5.3.11）用盐酸溶液（7.2.3.3）稀释成 ρ(Se) = 1μg/mL，储于冰箱内备用。

7.5.4　仪器

7.5.4.1　具塞锥形瓶：250mL。

7.5.4.2　分液漏斗：50mL。

7.5.4.3　具塞比色管：10mL。

7.5.4.4　电热板。

7.5.4.5　振荡器。

7.5.4.6　分光光度计。

7.5.5　分析步骤

7.5.5.1　量取 200mL 水样与 0mL，1.00mL，2.00mL，3.00mL，4.00mL，6.00mL，8.00mL 和 10.00mL 硒标准使用溶液（7.5.3.12）分别于 250mL 具塞锥形瓶中，各加纯水至 200mL，加数滴氢氧化钠溶液（7.5.3.8）至 pH7，加热浓缩至约 10mL（注意：不可蒸干！以防止硒损失），取下放冷。

7.5.5.2　消化：沿瓶壁加入 5mL 硝酸-高氯酸（7.5.3.2），将瓶（勿盖塞）于电热板上加热，以下按 7.2.5.1.2 及 7.2.5.1.3 步骤操作至消化终点，立即取下。

7.5.5.3　放冷后沿瓶壁加入 20mL 混合试剂（7.5.3.7）溶液应呈桃红色，用氢氧化钠（7.5.3.8）调 pH 至 2～3，溶液呈淡橙色，必要时需用 pH 0.5～5.0 精密试纸（7.5.3.1）检验，加入 3.5mL 3, 3′-二氨基联苯酸溶液（7.5.3.9），摇匀，在暗处放置 30min。

7.5.5.4　用氢氧化钠溶液（7.5.3.8）调节 pH 至 6.5～7（溶液颜色由黄刚变成淡黄橙色）。必要时需用 pH 5.4～7.0 的精密 pH 试纸（7.5.3.1）检查。

7.5.5.5　加入 10.0mL 甲苯（7.5.3.10），振摇 2min，静置 5min。待溶液分层，将甲苯相放入 10mL 比色管中，于 430mm 波长，3cm 比色皿，以甲苯作参比。测定吸光度。

　　注：用甲苯萃取时，溶液的 pH 值应控制在 6.5～7，pH 大于 7 会使测定结果偏高。萃取时若产生乳化现象，放出水相后加入少许无水硫酸钠于分液漏斗中，振摇后静置，从分液漏斗上口倾出甲苯相。

7.5.5.6 以吸光度为纵坐标，硒含量为横坐标，绘制工作曲线，从曲线上查出样品中硒的质量。

7.5.6 计算

水样中硒的质量浓度计算见式（25）：

$$\rho(\text{Se}) = \frac{m}{V} \quad\cdots\cdots\cdots\cdots\cdots\cdots\cdots\cdots\cdots\cdots\cdots\cdots\quad (25)$$

式中：

　　$\rho(\text{Se})$——水样中硒的质量浓度，单位为毫克每升（mg/L）；

　　m　　——从工作曲线上查得的硒质量，单位为微克（μg）；

　　V　　——水样体积，单位为毫升（mL）。

7.5.7 精密度和准确度

测定含 5μg/L、25μg/L、45μg/L 硒的标准溶液，重复测定 6 次，相对标准偏差分别为 31%、16%、5.5%；测定自来水、井水、矿泉水、污水及某些工业废水等水样，每个水样重复测定 3 次～6 次，含硒量为未检出至 21μg/L，相对标准偏差（随含量增加而减小）为 14%～44%。各种水样本底硒含量为未检出至 0.70μg 硒，加入 2μg～5μg 硒，回收率为 100%～108%。

7.6 电感耦合等离子体发射光谱法

见 1.4。

7.7 电感耦合等离子体质谱法

见 1.5。

备注：

该标准于 2006 年 12 月 29 日发布，2007 年 07 月 01 日实施。

附录 5　水质　汞、砷、硒、铋和锑的测定　原子荧光法（HJ 694—2014）

警告：硝酸、盐酸和高氯酸具有强腐蚀性和强氧化性，操作时应佩戴防护器具，避免接触皮肤和衣服。所有样品的预处理过程应在通风橱中进行。

1　适用范围

本标准规定了测定水中汞、砷、硒、铋和锑的原子荧光法。

本标准适用于地表水、地下水、生活污水和工业废水中汞、砷、硒、铋和锑的溶解态和总量的测定。

本标准方法汞的检出限为 0.04μg/L，测定下限为 0.16μg/L；砷的检出限为 0.3μg/L，测定下限为 1.2μg/L；硒的检出限为 0.4μg/L，测定下限 1.6μg/L；铋和锑的检出限为 0.2μg/L，测定下限为 0.8μg/L。

2　规范性引用文件

本标准内容引用了下列文件或其中的条款。凡是不注明日期的引用文件，其有效版本适用于本标准。

GB/T 21191　　　　原子荧光光谱仪
HJ/T 91　　　　　　地表水和污水监测技术规范
HJ/T 164　　　　　地下水环境监测技术规范
HJ 493　　　　　　水质 样品的保存和管理技术规定
HJ 494　　　　　　水质 采样技术指导

3　术语和定义

下列术语和定义适用于本标准。

3.1　溶解态汞、砷、硒、铋和锑

soluble mercury，arsenic，selenium，bismuth and antimony
指未经酸化的样品经 0.45μm 孔径滤膜过滤液后所测定的汞、砷、硒、铋和锑的含量。

3.2　汞、砷、硒、铋和锑总量

total quantity of mercury，arsenic，selenium，bismuth and antimony
指未经过滤的样品经消解后所测得的汞、砷、硒、铋和锑的含量。

3.3 待测元素

determined elements
指汞、砷、硒、铋和锑元素

4　方法原理

经预处理后的试液进入原子荧光仪，在酸性条件的硼氢化钾（或硼氢化钠）还原作用下，生成砷化氢、铋化氢、锑化氢、硒化氢气体和汞原子，氢化物在氩

氢火焰中形成基态原子，其基态原子和汞原子受元素（汞、砷、硒、铋和锑）灯发射光的激发产生原子荧光，原子荧光强度与试液中待测元素含量在一定范围内呈正比。

5　干扰与消除

5.1　酸性介质中能与硼氢化钾反应生成氢化物的元素会相互影响产生干扰，加入硫脲＋抗血酸溶液（6.20）可以基本消除干扰。

5.2　高于一定浓度的铜等过渡金属元素可能对测定有干扰，加入硫脲＋抗血酸溶液（6.20），可以消除绝大部分的干扰。在本标准的实验条件下，样品中含 100mg/L 以下的 Cu^{2+}、50mg/L 以下的 Fe^{3+}、1mg/L 以下的 Co^{2+}、10mg/L 以下的 Pb^{2+}（对硒是 5mg/L）和 150mg/L 以下的 Mn^{2+}（对硒是 2mg/L）不影响测定。

5.3　常见阴离子不干扰测定。

5.4　物理干扰消除。选用双层结构石英管原子化器，内外两层均通氩气，外面形成保护层隔绝空气，使待测元素的基态原子不与空气中的氧和氮碰撞，降低荧光淬灭对测定的影响。

6　试剂和材料

除非另有说明，分析时均使用符合国家标准的分析纯化学试剂，实验用水为新制备的去离子水或蒸馏水。

6.1　盐酸：$\rho(HCl) = 1.19g/ml$，优级纯。

6.2　硝酸：$\rho(HNO_3) = 1.42g/ml$，优级纯。

6.3　高氯酸：$\rho(HClO_4) = 1.68g/ml$，优级纯。

6.4　氢氢化钠（NaOH）。

6.5　硼氢化钾（KBH_4）。

6.6　硫脲（CH_4N_2S）。

6.7　抗坏血酸（$C_6H_8O_6$）。

6.8　重铬酸钾（$K_2Cr_2O_7$）：优级纯。

6.9　氯化汞（$HgCl_2$）：优级纯。

6.10　三氧化二砷（As_2O_3）：优级纯。

6.11　硒粉：高纯（质量分数 99.99%以上）。

6.12　铋：高纯（质量分数 99.99%以上）。

6.13　三氧化二锑（Sb_2O_3）：优级纯。

6.14　盐酸溶液：1＋1。

6.15　盐酸溶液：5＋95。

6.16　硝酸溶液：1＋1。

6.17　盐酸-硝酸溶液

分别量取 300ml 盐酸（6.1）和 100ml 硝酸（6.2），加入 400ml 水中，混匀。

6.18　硝酸-高氯酸混合酸

用等体积硝酸（6.2）和高氯酸（6.3）混合配制。临用时现配。

6.19　还原剂

6.19.1　硼氢化钾溶液 A

称取 0.5g 氢氧化钠（6.4）溶于 100ml 水中，加入 1.0g 硼氢化钾（6.5），混匀。此溶液用于汞的测定，临用时现配，存于塑料瓶中。

6.19.2　硼氢化钾溶液 B

称取 0.5g 氢氧化钠（6.4）溶于 100ml 水中，加入 2.0g 硼氢化钾（6.5），混匀。此溶液用于砷、硒、铋、锑的测定，临用时现配，存于塑料瓶中。

注：也可以用氢氧化钾、硼氢化钾配置还原剂。

6.20　硫脲-抗坏血酸溶液

称取硫脲（6.6）和抗坏血酸（6.7）各 5.0g，用 100ml 水溶解，混匀，测定当日配制。

6.21　（略）

6.22　（略）

6.23　硒标准溶液

6.23.1　硒标准贮备液：$\rho(Se) = 100mg/L$

购买市售有证标准物质，或称取 0.1000g 高纯硒粉（6.11）于 100ml 烧杯中，加 20ml 硝酸（6.2），低温加热溶解后冷却至室温，移入 1000ml 容量瓶中，用水释至标线，混匀。贮存于玻璃瓶中。4℃下可存放 2 年。

6.23.2　硒标准中间液：$\rho(Se) = 1.00mg/L$

移取 5.00mL 硒标准贮备液（6.23.1）于 500ml 容量瓶中，加入 150ml 盐酸（6.14），用水稀释至标线，混匀。4℃下可存放 100d。

6.23.3　硒标准使用液：$\rho(Se) = 10.0\mu g/L$

6.24　（略）

6.25　（略）

　　移取 5.00ml 硒标准中间液（6.23.2）于 500ml 容量瓶中，加入 150ml 盐酸，用水稀释至标线，混匀。临用现配。

6.26　氩气：纯度≥99.999%。

7　仪器和设备

7.1　原子荧光光谱仪：仪器性能指标应符合 GB/T 21191 的规定。

7.2　元素灯（汞、砷、硒、铋、锑）。

7.3　可调温电热板。

7.4　恒温水浴装置：温控精度±1℃。

7.5　抽滤装置：0.45μm 孔径水系微孔滤膜。

7.6　分析天平：精度为 0.0001g。

7.7　采样容器：硬质玻璃瓶或聚乙烯瓶（桶）。

7.8　实验室常用器皿：符合国家标准的 A 级玻璃量器和玻璃器皿。

8　样品

8.1　样品的采集

　　样品采集参照 HJ/T 91 和 HJ/T 164 的相关规定执行，溶解态样品和总量样品分别采集。

8.2　样品的保存

　　样品保存参照 HJ 493 的相关规定进行。

8.2.1　可滤态汞、砷、硒、铋、锑样品

　　样品采集后尽快用 0.45μm 滤膜（7.5）过滤，弃去初始滤液 50ml，用少量滤液清洗采样瓶，收集滤液于采样瓶中。测定汞的样品，如水样为中性，按每升水样中加入 5ml 盐酸（6.1）的比例加入盐酸；测定砷、硒、锑、铋的样品，按每升水样中加入 2ml 盐酸（6.1）的比例加入盐酸。样品保存期为 14d。

8.2.2　汞、砷、硒、铋、锑总量样品

　　除样品采集后不经过滤外，其他的处理方法和保存期同 8.2.1。

8.3　试样的制备

8.3.1　（略）

8.3.2　砷、硒、铋、锑

　　量取 50.0ml 混匀后的样品（8.2.1）或（8.2.2）于 150ml 锥形瓶中，加入 5ml

硝酸-高氯酸混合酸（6.18），于电热板上加热至冒白烟，冷却。再加入 5ml 盐酸溶液（6.14），加热至黄褐色烟冒尽，冷却后移入 50ml 容量瓶中，加水稀释定容，混匀，待测。

8.3.3 空白试样

以水代替样品，按照 8.3 的步骤制备空白试样。

9 分析步骤

9.1 仪器调试

依据仪器使用说明书调节仪器至最佳工作状态。参考测量条件见表1。

表1 参考测量条件

元素	负高压（V）	灯电流（mA）	原子化器预热温度（℃）	载气流量（ml/min）	屏蔽气流量（ml/min）	积分方式
Hg	240～280	15～30	200	400	900～1000	峰面积
As	260～300	40～60	200	400	900～1000	峰面积
Se	260～300	80-100	200	400	900～1000	峰面积
Sb	260～300	60～80	200	400	900～1000	峰面积
Bi	260～300	60～80	200	400	900～1000	峰面积

9.2 校准

9.2.1 校准标准系列配制

9.2.1.1 （略）

9.2.1.2 （略）

9.2.1.3 硒

分别移取 0、2.00、4.00、6.00、8.00、10.00mL 硒标准使用液（6.23.3）于 50ml 容量瓶中，分别加入 10ml 盐酸溶液（6.14），用水稀释定容，混匀。

9.2.1.4 （略）

9.2.1.5 （略）

汞、砷、硒、铋、锑标准系列的质量浓度见表2。

表 2　标准系列质量浓度　　　　　　　　单位：μg/L

元素	标准系列质量浓度				
Hg	0	0.10	0.20	0.50	0.70	1.00
As	0	1.0	2.0	4.0	6.0	10.0
Se	0	0.4	0.8	1.2	1.6	2.0
Bi	0	1.0	2.0	4.0	6.0	10.0
Pb	0	1.0	2.0	4.0	6.0	10.0

9.2.2　校准曲线的绘制

9.2.2.1　（略）

9.2.2.2　砷、硒、铋、锑

参考测量条件（9.1）或采用自行确定的最佳测量条件，以盐酸溶液（6.15）为载流，硼氢化钾溶液 B（6.19.2）为还原剂，浓度由低到高依次测定各元素标准系列的原子荧光强度，以原子荧光强度为纵坐标，相应元素的质量浓度为横坐标，绘制校准曲线。

9.3　试样的测定

9.3.1　（略）

9.3.2　（略）

9.3.3　硒、铋

量取 5.0mL 试样（8.3.2）于 10ml 比色管中，加入 2ml 盐酸溶液（6.14），用水稀释定容，混匀，按照与绘制校准曲线相同的条件进行测定。超过校准曲线高浓度点的样品，对其消解液稀释后再行测定，稀释倍数为 f。

9.4　空白试验

按照与测定（9.2）相同步骤测定空白试样。

10　结果计算与表示

10.1　结果计算

样品中待测元素的质量浓度 ρ 按公式（1）计算：

$$\rho = \frac{\rho_1 \times f \times V_1}{V} \quad\cdots\cdots\cdots\cdots\cdots\cdots\cdots\cdots\cdots\cdots\cdots\cdots（1）$$

式中：

　　ρ ——样品中待测元素的质量浓度，μg/L；

　　ρ_1 ——由校准曲线上查得的试样中待测元素的质量浓度，μg/L；

　　f ——试样稀释倍数（样品若有稀释）；

　　V_1 ——分取后测定试样的定容体积，ml；

　　V ——分取试样的体积，ml。

10.2 结果表示

············

　　当砷、硒、铋、锑的测定结果小于 10μg/L 时，保留小数点后一位；当测定结果大于 10μg/L 时，保留三位有效数字。

11 精密度和准确度

11.1 精密度

　　六家实验室对含汞、砷、硒、铋、锑不同浓度水平的统一样品进行了测试，方法精密度测试结果见附表 A.1。

············

　　六家实验室对含硒 1.0μg/L、2.0μg/L 和 8.0μg/L 三种浓度的统一样品进行测定，实验室内相对标准偏差为 4.1%-8.9%、1.2%-4.9% 和 0.3%-3.6%；实验室间相对标准偏差为 4.1%、2.6% 和 2.7%；重复性限为 0.2μg/L、0.2μg/L 和 0.6μg/L；再现性限为 0.2μg/L、0.2μg/L 和 0.8μg/L。

············

11.2 准确度

　　六家实验室对两种浓度的汞、砷、硒有证标准样品进行了测试；对含汞、砷、硒、铋、锑的统一样品进行了三种加标量的加标回收测试，方法准确度测试数据见附录 A 中附表 A.2.1 及附表 A.2.2。

············

　　六家实验室对硒有证标准物质（浓度 11.2±1.1μg/L）测定结果的相对误差为 −5.4% ～ 6.2%，相对误差最终值 0%±8.8%；对硒有证标准物质（浓度 26.2±2.4μg/L）测定结果的相对误差为 −1.5% ～ 3.1%，相对误差最终值 −0.6%±3.2%。

············

　　六家实验室对统一的工业废水进行了加标测定，硒加标量分别为 1.0μg/L、

2.0μg/L、3.0μg/L，加标回收率分别为 90.0%～102%、96.0%～102%和 98.7%～107%；加标回收率最终值分别为 95.0%±9.4%、98.2%±4.6%和 102%±6.8%。

············

12　质量保证和质量控制

12.1　采样、样品的保存和管理按照 HJ494 和 HJ493 执行。

12.2　每测定 20 个样品要增加测定实验室空白一个，当批不满 20 个样品时要测定实验室空白两个。全程空白的测试结果应小于方法检出限。

12.3　每次样品分析应绘制校准曲线。校准曲线的相关系数应大于或等于 0.995。

12.4　每测完 20 个样品进行一次校准曲线零点和中间点浓度的核查，测试结果的相对偏差应不大于 20%。

12.5　每批样品至少测定 10%的平行双样，样品数小于 10 时，至少测定一个平行双样。测试结果的相对偏差应不大于 20%。

12.6　每批样品至少测定 10%的加标样，样品数小于 10 时，至少测定一个加标样。加标回收率控制在 70%～130%之间。

13　废物处理

实验中产生的废液和废物不可随意倾倒，应置于密闭容器中保存，委托有资质的单位进行处理。

14　注意事项

14.1　硼氰化钾是强还原剂，极易与空气中的氧气和二氧化碳反应，在中性和酸性溶液中易分解产生氢气，所以配制硼氢化钾还原剂时，要将硼氢化钾固体溶解在氢氧化钠溶液中，并临用现配。

14.2　实验室所用的玻璃器皿均需用硝酸溶液（6.16）浸泡 24h，或用热硝酸荡洗。清洗时依次用自来水、去离子水洗净。

附　录　A
（资料性附录）
精密度和准确度汇总表

六家实验室测定的精密度和准确度数据汇总见附表 A.1 和附表 A.2.1 及附表 A.2.2。

附表 A.1　方法精密度

元素名称	浓度（μg/L）	实验室内相对标准偏差（%）	实验室间相对标准偏差（%）	重复性限 r（μg/L）	再现性限 R（μg/L）
汞	0.10	3.3～10.9	8.5	0.03	0.03

元素名称	浓度（μg/L）	实验室内相对标准偏差（%）	实验室间相对标准偏差（%）	重复性限 r（μg/L）	再现性限 R（μg/L）
汞	0.20	2.0～7.5	2.8	0.03	0.03
	0.40	1.5～3.7	1.9	0.03	0.04
	0.80	1.5～2.9	1.4	0.05	0.06
砷	1.0	6.0～7.0	4.1	0.2	0.2
	4.0	2.3～5.4	1.6	0.4	0.4
	8.0	0.9～3.9	1.5	0.5	0.6
硒	1.0	4.1～8.9	4.1	0.2	0.2
	2.0	1.2～4.9	2.6	0.2	0.2
	8.0	0.3～3.6	2.7	0.6	0.8
铋	0.5	4.8～8.0	4.5	0.1	0.1
	2.0	2.8～4.7	3.6	0.2	0.3
	4.0	2.7～4.0	1.5	0.4	0.4
锑	0.5	6.4～11.6	4.4	0.1	0.1
	1.0	3.9～6.7	4.5	0.1	0.2
	2.0	3.2～4.7	2.6	0.2	0.2
	4.0	1.7～3.8	2.7	0.3	0.4

附录 A.2.1　方法准确度（有证标准物质测试）

元素名称	有证标准物质浓度（μg/L）	相对误差（%）	相对误差最终值（%）
汞	16.0±1.4	−2.8～0.9	−0.4±2.8
	11.4±1.1	−5.6～0.0	−3.6±4.0
砷	60.6±4.2	−1.9～1.7	−0.4±3.2
	75.1±5.3	−4.7～−0.9	−2.3±3.0
硒	11.2±1.1	−5.4～6.2	0.0±8.8
	26.2±2.4	−1.5～3.1	0.6±3.2

附录 A.2.2　方法准确度（加标回收测试）

元素名称	样品浓度（μg/L）	加标浓度（μg/L）	加标回收率（%）	加标回收率最终值（%）
汞	0.39	0.20	91.5～104	98.2±9.4
	0.39	0.40	91.2～99.6	96.6±6.2
	0.39	0.60	98.6～107	102±6.2

续表

元素名称	样品浓度（μg/L）	加标浓度（μg/L）	加标回收率（%）	加标回收率最终值(%)
砷	3.9	2.00	92.0～109	97.1±12.2
	3.9	4.00	96.5～104	100±8.2
	3.9	6.00	94.3～103	99.4±5.8
硒	2.0	1.00	90.0～102	95.0±9.4
	2.0	2.00	96.0～102	98.2±4.6
	2.0	3.00	98.7～107	102±6.8
铋	2.0	1.00	90.0～103	94.8±11.4
	2.0	2.00	93.5～104	97.6±7.6
	2.0	4.00	93.0～101	97.0±6.4
锑	2.0	1.00	94.0～108	101±11.4
	2.0	2.00	92.5～105	97.4±10.8
	2.0	4.00	94.0～100	96.2±4.4

备注：

该标准于 2014 年 3 月 13 日发布，2014 年 7 月 1 日起实施。

附录 6　水溶肥料　钠、硒、硅含量的测定（NY/T 1972—2010）

1　范围

本标准规定了水溶肥料中钠、硒、硅含量测定的试验方法。

本标准适用于液体或固体水溶肥料中钠、硒、硅含量的测定。

2　规范性引用文件

下列文件对于本文件的应用是必不可少的。凡是注日期的引用文件，仅注日期的版本适用于本文件。凡是不注日期的引用文件，其最新版本（包括所有的修改单）适用于本文件。

GB/T 8170　数值修约规则与极限数值的表示和判定

HG/T 2843　化肥产品　化学分析中常用标准滴定溶液、标准溶液、试剂溶液和指示剂溶液

NY/T 887　液体肥料　密度的测定

3　（略）

4　硒含量的测定　原子荧光光谱法

4.1　原理

在盐酸介质中，以硼氢化钾为还原剂，使试样溶液中四价硒生成硒化氢，于氩氢火焰中原子化。硒原子蒸气吸收硒特种空心阴极灯发出的特征波长为196.0nm 的辐射，被激发至高能态。激发态原子返回基态时发射出特征波长的原子荧光。在一定浓度范围内，荧光强度与试样溶液中硒的含量成正比。

4.2　试剂和材料

本标准中所用试剂、水和溶液的配制，在未注明规格和配制方法时，应符合 HG/T 2843 的规定。

4.2.1　氢氧化钾溶液：$\rho(KOH) = 5g/L$。

4.2.2　硼氢化钾溶液：$\rho(KBH_4) = 20g/L$。称取硼氢化钾 10.0g，溶于 500mL 氢氧化钾溶液（4.2.1）中，混匀。

4.2.3　铁氰化钾溶液：$\rho\{K_3[Fe(CN)_6]\} = 20g/L$。

4.2.4　盐酸溶液：$\varphi(HCl) = 3\%$。

4.2.5　盐酸溶液：$\varphi(HCl) = 50\%$。

4.2.6　硒标准溶液 $\rho(Se) = 1000\mu g/mL$。

4.2.7　硒标准溶液：$\rho(Se) = 10\mu g/mL$。准确吸取硒标准溶液（4.2.6）10.00mL，用盐酸溶液（4.2.4）定容至 1000mL，混匀。

4.2.8　硒标准溶液：$\rho(Se) = 1\mu g/mL$。准确吸取硒标准溶液（4.2.7）10.00mL，用水定容至 100mL，混匀。

4.3　仪器

4.3.1　通常实验室仪器。

4.3.2　水平往复式振荡器或具有相同功效的振荡装置。

4.3.3　原子荧光光度计，附有硒编码空心阴极灯。

4.3.4　高纯氩气。

4.4　分析步骤

4.4.1　试样的制备

固体样品经多次缩分后，取出约 100g，将其迅速研磨至全部通过 0.50mm 孔径筛（如样品潮湿，可通过 1.00mm 筛子），混合均匀，置于洁净、干燥的容器中；液体样品经多次摇动后，迅速取出约 100mL，置于洁净、干燥的容器中。

4.4.2　试样溶液的制备

称取试样 0.2g～3g（精确至 0.0001g）于 250mL 容量瓶中，加水约 150mL，置于（25±5）℃振荡器内，在（180±20）r/min 的振荡频率下振荡 30min，取出后用水定容，混匀，干过滤，弃去最初几毫升滤液后，滤液待测。

4.4.3　标准曲线的绘制

分别吸取硒标准溶液（4.2.8）0mL、0.50mL、1.00mL、1.50mL、2.00mL、2.50mL 于六个 50mL 容量瓶中，加入 5mL 盐酸溶液（4.2.5）和 1mL 铁氰化钾溶液（4.2.3），用水定容，混匀。此标准系列硒的质量浓度分别为 0ng/mL、10.0ng/mL、20.0ng/mL、30.0ng/mL、40.0ng/mL、50.0ng/mL。在 25℃以上环境温度下，至少放置 40min 后，按最佳工作条件，以盐酸溶液（4.2.4）和硼氢化钾溶液（4.2.2）为载流，以硒含量为 0ng/mL 的标准溶液为参比，测定各标准溶液的荧光强度。仪器参考条件：负高压 300V；灯电流 60mA；炉高 8mm。

以各标准溶液硒的质量浓度（ng/mL）为横坐标，相应的荧光强度为纵坐标，绘制工作曲线。

4.4.4　测定

先将试样溶液用水稀释 100 倍后，再吸取一定体积的上述稀释液于 50mL 容量瓶中，加入 5mL 盐酸溶液（4.2.5）和 1mL 铁氰化钾溶液（4.2.3），用水定容，混匀。在 25℃以上环境温度下，至少放置 40min 后，在与测定标准系列溶液相同的条件下，测定其荧光强度，在工作曲线上查出相应硒的质量浓度（ng/mL）。

4.4.5　空白试验

除不加试样外，其他步骤同试样溶液的测定。

4.4.6　分析结果的表述

硒（Se）含量 ω_2 以质量分数（%）表示，按式（5）计算：

$$\omega_2 = \frac{(\rho - \rho_0) \times D \times 250 \times 100}{m \times 10^9} \quad\cdots\cdots\cdots\cdots\cdots\cdots\cdots\cdots\cdots（5）$$

式中：

ρ——由工作曲线查出的试样溶液中硒的质量浓度，单位为纳克每毫升（ng/mL）；

ρ_0 ——由工作曲线查出的空白溶液中硒的质量浓度，单位为纳克每毫升（ng/mL）；

D ——测定时试样溶液的稀释倍数；

250——试样溶液的体积，单位为毫升（mL）；

m ——试料的质量，单位为克（g）。

10^9——将克换算成纳克的系数。

取平行测定结果的算术平均值为测定结果，结果保留到小数点后两位。

4.4.7 允许差

平行测定结果的相对相差不大于 10%。

不同实验室测定结果的相对相差不大于 30%。

当测定结果小于 0.05% 时，平行测定结果及不同实验室测定结果相对相差不计。

4.5 质量浓度的换算

液体肥料硒（Se）含量 ρ（Se）以质量浓度（g/L）表示，按式（6）计算：

$$\rho(Se) = 10\omega_2\rho \cdots\cdots\cdots\cdots\cdots\cdots\cdots\cdots\cdots (6)$$

式中：

ω_2——试样中硒的质量分数（%）；

ρ ——液体试样的密度，单位为克每毫升（g/mL）。

密度的测定按 NY/T 887 的规定执行。

结果保留到小数点后一位。

备注：

该标准于 2010 年 12 月 23 日发布，2011 年 2 月 1 日实施。

附录 7 土壤中全硒的测定（NY/T 1104—2006）

1 范围

本标准规定了用原子荧光光谱法、氢化物原子吸收光谱法和荧光法测定土壤中全硒的方法。

本标准适用于各种土壤中全硒的测定。

2 规范性引用文件

下列文件中的条款通过本标准的引用而成为本标准的条款。凡是注日期的引用文件，其随后所有的修改单（不包括勘误的内容）或修订版均不适用于本标准，然而，鼓励根据本标准达成协议的各方研究是否可使用这些文件的最新版本。凡是不注日期的引用文件，其最新版本适用于本标准。

GB/T 6682 分析实验室用水规格和试验方法。

3 试剂和材料

除非另有规定，在分析中仅使用确认为分析纯的试剂。本标准所述溶液如未指明溶剂，均系水溶液。

3.1 水，GB/T 6682，二级。

3.2 硝酸，优级纯，$\rho(HNO_3)$约为 1.42g/mL。

3.3 高氯酸，优级纯，$\rho(HClO_4)$约为 1.60g/mL。

3.4 盐酸，优级纯，$\rho(HCl)$约为 1.19g/mL。

3.5 硼氢化钾碱性溶液：8g/L。

称取 2g 氢氧化钠溶于 200mL 水中，加入 4g 硼氢化钾，搅拌至溶解完全，加水至 500mL，用定性滤纸过滤，贮存于塑料瓶中备用。

3.6 硼氢化钠的溶液：10g/L。

称取 1g 硼氢化钠（$NaBH_4$）和 0.5g 氢氧化钠溶于去离子水，稀释至 100mL（现用现配）。

3.7 环己烷：ρ 为（0.778～0.80）g/mL。

3.8 硝酸—高氯酸混合酸：硝酸（优级纯）V_1，高氯酸（优级纯）V_2，$V_1 + V_2 = 3 + 2$。

3.9 硫酸溶液：优级纯，（1 + 1）。

3.10 盐酸溶液：优级纯，（1 + 1）。

3.11 盐酸溶液：c（HCl）= 0.1mol/L。

3.12 碳酸氢钠溶液：c（$NaHCO_3$）= 0.5mol/L。

3.13 氨水溶液：1 + 1。

3.14 盐酸羟酸—乙二胺四乙酸二钠（EDTA）溶液。

称取 10g EDTA 溶于 500mL 水中，加入 25g 盐酸羟胺，使其溶解，用水稀释至 1000mL。

3.15 2,3-二氨基萘溶液（暗室中配制）：1g/L。

称取 0.1g 2,3-二氨基萘于 150mL 烧杯中，加入 100mL 盐酸溶液（3.11）使其溶解，转移到 250mL 分液漏斗，加入 20mL 环己烷（3.7）振荡 1min，待分层后弃去环己烷，水相重复用环己烷处理 3 次～4 次。水相放入棕色瓶中上面加盖约 1cm 厚的环己烷，于暗处置冰箱保存。必要时再纯化一次。

3.16 硒标准储备液：$\rho(Se)$ = 100mg/L。

精确称取 0.1000g 元素硒（光谱纯），溶于少量硝酸（3.2）中，加 2mL 高氯酸（3.3），置沸水浴中加热 3h～4h，蒸去硝酸，冷却后加入 8.4mL 盐酸（3.4），再置沸水浴中煮 5min。准确稀释至 1000mL，其盐酸浓度为 0.1mol/L。混匀。

3.17　硒标准使用液：ρ(Se) = 0.05mg/L。

将硒标准储备液（3.16）用 0.1mol/L 盐酸溶液稀释成 1.00mL 含 0.05μg 硒的标准使用液，于冰箱内保存。

3.18　甲酚红指示剂：0.2g/L。

称取 0.02g 甲酚红于 400mL 烧杯中，加水溶解，加氨水溶液（3.13）1 滴，使其溶解后加水稀释到 100mL。

4　仪器与设备

4.1　分析实验室通常使用的仪器设备。

4.2　无色散原子荧光分析仪：配有硒特种空心阴极灯。用于氢化物发生—原子荧光光谱法。

4.3　原子吸收分光光度计：配有氢化物发生器和硒空心阴极灯。用于氢化物发生—原子吸收分光光度法。

4.4　荧光光度计：配有光程为 1cm 石英比色杯。用于荧光法。

4.5　自动控温消化炉。

5　试样的制备

取风干后的土样，用四分法分取适量样品后，全部粉碎，过 0.149mm 孔径筛，混匀后用磨口瓶或塑料袋装，作为测定全硒待测样品。

6　氢化物发生—原子荧光光谱法

6.1　原理

样品经硝酸—高氯酸混合酸加热消化后，在盐酸介质中，将样品中的六价硒还原成四价硒，用硼氢化钠（NaBH$_4$）或硼氢化钾（KBH$_4$）作还原剂，将四价硒在盐酸介质中还原成硒化氢（SeH$_2$），由载气（氩气）带入原子化器中进行原子化，在硒特制空心阴极灯照射下，基态硒原子被激发至高能态，在去活化回到基态时，发射出特征波长的荧光，其荧光强度与硒含量成正比。与标准系列比较定值。本方法最低检测量为 1.0ng。

6.2　分析步骤

提示：待测样品消化过程中，谨防蒸干，以免爆炸。

6.2.1 试样溶液的制备

称取待测样品 2g（精确至 0.0002g）于 100mL 三角瓶中，加入混合酸（3.8）10mL～15mL，盖上小漏斗，放置过夜。次日，于 160℃自动控温消化炉上，消化至无色（土样成灰白色），继续消化至冒白烟后，1min～2min 内取下稍冷，向三角瓶中加入 10mL 盐酸溶液（3.10），置于沸水浴中加热 10min，取下三角瓶，冷却至室温，用去离子水将消化液转入 50mL 容量瓶中，定容至刻度，摇匀。保留试液待测。

6.2.2 硒标准工作曲线绘制

用硒标准使用液（3.17）逐级稀释配制成 $\rho(Se)$ 分别为 0.00μg/L，1.00μg/L，2.00μg/L，4.00μg/L，8.00μg/L 的标准溶液。各吸 20.00mL 使其硒含量分别为 0.00ng，20.00ng，40.00ng，80.00ng，160.00ng 于氢化物发生器中，盖好磨口塞，通入氩气，用加液器以恒定流速注入一定量的硼氢化钾溶液（3.5）。此时反应生成的硒化氢由氩气载入石英炉中进行原子化。记录荧光信号峰值。标准溶液系列的浓度范围可根据样品中硒含量的多少和仪器灵敏度高低适当调整。

用荧光信号峰值与之对应的硒含量绘制标准工作曲线。

6.2.3 试液的测定

分取 10.00mL～20.00mL 还原定容后的待测液，在与测定硒标准系列溶液相同的条件下，测定试液的荧光信号峰值。

6.2.4 空白试验

除不加试样外，其余分析步骤同试样溶液的测定。

6.3 结果计算

全硒（Se）含量 ω_1，以质量分数计，单位为毫克每千克（mg/kg），按式（1）计算：

$$\omega_1 = \frac{(m_1 - m_{01}) \times 50}{m v_1} \times 10^{-3} \quad\cdots\cdots\cdots\cdots\cdots\cdots\cdots\cdots\cdots\cdots（1）$$

式中：

m_1 ——自工作曲线上查得的试样溶液中硒的质量数值，单位为纳克（ng）；

m_{01}——空白试液所测得的硒的质量数值，单位为纳克（ng）；

v_1 ——测定时吸取的试样溶液体积数值，单位为毫升（mL）；

m ——试样的质量的数值，单位为克（g）；

50 ——试样溶液定容体积数值，单位为毫升（mL）；

10^{-3}——以纳克为单位的质量数值换算为以微克为单位的质量数值的换算系数。

取平行测定结果的算术平均值作为测定结果。

计算结果，表示到小数点后两位。

6.4　允许差

全硒测定结果的允许差应符合表 1 的要求：

表 1

全硒的质量分数（以 Se 计）mg/kg	平行测定允许相对相差%	不同实验室间测定允许相对相差%
<0.10	20	50
0.10—0.40	15	30
>0.40	10	20

7　氢化物发生—原子吸收分光光度法

7.1　原理

样品经硝酸、高氯酸混合酸加热消化后，在盐酸介质中，将样品中的六价硒还原成四价硒，用硼氢化钠（NaBH₄）或硼氢化钾（KBH₄）作还原剂，将四价硒在盐酸介质中还原成硒化氢（SeH₂），由载气（氮气）将硒化氢吹入高温电热石英管原子化。根据硒基态原子吸收由硒空心阴极灯发射出来的共振线的量与待测液中硒含量成正比，与标准系列比较定值。本方法最低检测量为 1.4ng。

7.2　分析步骤

7.2.1　试样溶液的制备

同 6.2.1 步骤操作。

7.2.2　硒标准工作曲线绘制

用硒标准使用液（3.17）逐级稀释配制成 ρ（Se）分别为 0.00μg/L，1.00μg/L，2.00μg/L，4.00μg/L，8.00μg/L 的标准溶液。各吸 20.00mL 使其硒含量分别为 0.00ng，20.00ng，40.00ng，80.00ng，160.00ng，由载气导入氢化物发生器中，以硼氢化钠（3.6）为还原剂将四价硒还原为硒化氢，测定其吸光度。标准溶液系列的浓度范围可根据样品中硒含量的多少和仪器灵敏度高低适当调整。

用吸光度与之对应的硒含量绘制标准工作曲线。

7.2.3 试液的测定

分取 10.00mL～20.00mL 还原定容后的待测液，在与测定硒标准系列溶液相同的条件下，测定试液的吸光度。

7.2.4 空白试验

除不加试样外，其余分析步骤同试样溶液的测定。

7.3 结果计算

全硒（Se）含量 ω_2，以质量分数计，单位为毫克每千克（mg/kg），按式（2）计算：

$$\omega_2 = \frac{(m_2 - m_{02}) \times 50}{mv_2} \times 10^{-3} \quad\cdots\cdots\cdots\cdots\cdots\cdots\cdots\cdots\quad (2)$$

式中：

m_2 ——自工作曲线上查得的试样溶液中硒的质量数值，单位为纳克（ng）；

m_{02} ——空白试液所测得的硒的质量数值，单位为纳克（ng）；

v_2 ——测定时吸取的试样溶液体积数值，单位为毫升（mL）；

m ——试样的质量的数值，单位为克（g）；

50 ——试样溶液定容体积数值，单位为毫升（mL）；

10^{-3}——以纳克为单位的质量数值换算为以微克为单位的质量数值的换算系数。

取平行测定结果的算术平均值作为测定结果。

计算结果表示到小数点后两位。

7.4 允许差

全硒测定结果的允许差同 6.4 的规定。

8 荧光法

8.1 原理

样品经混合酸消化后，有机物被破坏使硒游离出来，还原后在酸性溶液中硒和 2, 3-二氨基萘（2, 3-diaminonaph-thalene，简称 DAN）反应生成 4, 5-苯并芘硒脑（4, 5-henzo-piaselenol），其荧光强度与硒的浓度在一定条件下成正比，加入 EDTA 和盐酸羟胺，可消除试液中铁、铜、钼及大量氧化性物质对全硒测定的干扰。用环己烷萃取后在荧光光度计上选择激发波长 376nm，发射光波长 525nm 处测定荧光强度，与绘制的标准曲线比较定量。本方法最低检测量为 3ng。

8.2　分析步骤

8.2.1　试样溶液的制备

同 6.2.1 步骤的操作。

8.2.2　试液的测定

吸取 10.00mL～20.00mL 还原定容后的待测液于 100mL 具塞三角瓶中，加 10mL 盐酸羟胺—乙二胺四乙酸二钠（EDTA）溶液（3.14），混匀，加 2 滴甲酚红指示剂（3.18），溶液呈桃红色，滴加氨水溶液（3.13）至出现黄色，继续加入至呈桃红色，再用盐酸溶液（3.10）调至橙黄色（pH 为 1.5～2.0）。以下步骤在暗室进行：加 2mL 2,3-二氨基萘溶液（3.15），混匀，置沸水浴中煮 5min，取出冷却至室温。准确加入 5mL 环己烷（3.7），盖上瓶塞，在振荡机上振荡 10min 后将溶液移入分液漏斗中，待分层后弃去水层，将环己烷层转入带盖试管中，小心勿使环己烷层中混入水滴，于激发波长 376nm、发射波长 525nm 处测定苯并芘硒脑的荧光强度，查标准工作曲线，得出试样溶液中硒的质量数值。

8.2.3　硒标准工作曲线绘制

用硒标准使用液（3.17）逐级稀释配制成 ρ（Se）分别为 0.00μg/L，1.00μg/L，2.00μg/L，4.00μg/L，8.00μg/L 的标准溶液。各吸 20.00mL 使其硒含量分别为 0.00ng，20.00ng，40.00ng，80.00ng，160.00ng，放入 100mL 具塞三角瓶中，按试液测定步骤 8.2.2 同时进行。

8.2.4　空白试验

除不加试样外，其余分析步骤同试样溶液的测定。

8.3　结果计算

全硒（Se）含量 ω_3，以质量分数计，单位为毫克每千克（mg/kg），按式（3）计算：

$$\omega_3 = \frac{(m_3 - m_{03}) \times 50}{m v_3} \times 10^{-3} \quad\cdots\cdots\cdots\cdots\cdots\cdots\cdots\cdots\quad （3）$$

式中：

　　m_3 ——自工作曲线上查得的试样溶液中硒的质量数值，单位为纳克（ng）；

　　m_{03}——空白试液所测得的硒的质量数值，单位为纳克（ng）；

　　v_3 ——测定时吸取的试样溶液体积数值，单位为毫升（mL）；

m ——试样的质量的数值，单位为克（g）；

50 ——试样溶液定容体积数值，单位为毫升（mL）；

10^{-3}——以纳克为单位的质量数值换算为以微克为单位的质量数值的换算系数。

取平行测定结果的算术平均值作为测定结果。

计算结果表示到小数点后两位。

8.4 允许差

全硒测定结果的允许差同 6.4 的规定。

备注：

该标准于 2006 年 7 月 10 日发布，2006 年 10 月 1 日实施。

附录 8 稻米中有机硒和无机硒含量的测定 原子荧光光谱法（DB3301/T 117—2007）

1 范围

本标准规定了用原子荧光光谱法测定稻米中总硒和无机硒含量的方法，有机硒由总硒减去无机硒得到。

本标准适用于稻米中有机硒和无机硒含量的测定。

本标准检出限和定量测定范围：本方法有机硒和无机硒的最低检出浓度均为 0.003mg/kg，定量测定范围为 0.01mg/kg～4.00mg/kg。

2 规范性引用文件

下列文件中的条款通过本标准的引用而成为本标准的条款。凡是注日期的引用文件，其随后所有的修改单（不包括勘误的内容）或修订版均不适用于本标准，然而，鼓励根据本标准达成协议的各方研究是否可使用这些文件的最新版本。凡是不注日期的引用文件，其最新版本适用于本标准。

GB/T 5009.93 食品中硒的测定（第一法 氢化物原子荧光光谱法）

3 原理

稻米中的硒可能以不同的化学形式存在，包括无机硒和有机硒。试样中无机硒经 6mol/L 盐酸水浴条件下提取，与有机硒分离，用原子荧光光谱法测定无机硒的含量。有机硒含量为总硒与无机硒的差值。

4　试剂

除另有规定外，所有试剂为分析纯，水为去离子水。

4.1　盐酸（HCl）：优级纯。

4.2　盐酸溶液（6mol/L）：量取 500mL 盐酸，用水稀释并定容到 1000mL。

4.3　氢氧化钠（5g/L）：称取 5g 氢氧化钠，用水溶解并定容到 1000mL。

4.4　硼氢化钾溶液（15g/L）：称取 1.5g 硼氢化钾（KBH_4），用氢氧化钠溶液（5g/L）溶解并定容至 100mL。

4.5　铁氰化钾溶液（100g/L）：称取 10.0g 铁氰化钾[$K_3Fe(CN)_6$]，用水溶解并定容至 100mL。

4.6　硒标准储备液：取 100mg/L 硒标准储备液 1.0mL，用水定容至 100mL，此储备液浓度为 1mg/L。

4.7　硒标准使用液：取硒储备液 5.0mL，用水定容至 100mL，此使用液浓度为 50μg/L。

5　仪器

所用玻璃仪器均需以硝酸（1＋4）浸泡过夜，用水反复冲洗，最后用去离子水冲洗干净。

5.1　原子荧光光度计。

5.2　恒温水浴震荡器。

5.3　电炉。

6　分析步骤

6.1　试样制备

样品经混匀后，缩分至约 50g，经研磨至全部通过孔径 0.25mm（60 目）尼龙筛，混匀后贮于聚乙烯瓶中备用。

6.2　总硒的测定

总硒的试样制备按6.1执行，测定按GB/T 5009.93食品中硒的测定（第一法　氢化物原子荧光光谱法）进行。

6.3　无机硒的测定

6.3.1　试样处理

称取 2.5g 试样（精确到 0.01g）于 50mL 具塞刻度试管中，加 6mol/L 盐酸溶液 20mL，混匀后置于 70℃恒温水浴，振荡浸提 2h，冷却至室温，用 6mol/L 盐酸溶液定容至 25mL，再经脱脂棉过滤。取滤液 12.5mL 于 25mL 具塞刻度试管中，并置于沸水浴中 20min，冷却至室温，分别加入 2.5mL 铁氰化钾溶液、正辛醇 3 滴，加水定容，混匀待测。同时做试剂空白试验。

6.3.2　标准曲线

取 50mL 具塞刻度试管 6 支，依次准确加入 50μg/L 硒使用标准液 0、1.0、2.0、3.0、4.0、5.0mL（各相当于硒浓度 0、1.0、2.0、3.0、4.0、5.0μg/L），分别加入 25mL 6mol/L 盐酸溶液，混匀，置于沸水浴中保持 20min。待冷却至室温后，分别加入 5.0mL 铁氰化钾溶液，正辛醇 3 滴，用水定容至 50mL，混匀备测。

6.3.3　测定

6.3.3.1　仪器条件

仪器参考测定条件为光电倍增管（PMT）负高压：300V；灯电流：80mA；原子化温度：200℃；炉高：8mm；载气流速：500mL/min；屏蔽气流速：1000mL/min；延迟时间：1s；读数时间：12s；加液时间：10s；进样体积：1mL。

6.3.3.2　无机硒含量测定

在测定标准系列溶液后，分别吸取空白试验溶液和试样溶液进行测定。

7　结果计算

7.1　无机硒

样品中无机硒含量以质量分数 W_1 计，数值以毫克每千克（mg/kg）表示，按下列公式计算：

$$W_1 = \frac{(c - c_0) \times F \times 1000}{m \times 1000 \times 1000}$$

式中：

W_1——试样中无机硒含量，单位为毫克每千克（mg/kg）；

c——试样提取液测定浓度，单位为纳克每毫升（ng/mL）；

c_0——试样空白测定浓度，单位为纳克每毫升（ng/mL）；

F——$F = 25mL \times 25mL/12.5mL$；

计算结果保留二位有效数字。样品含量超 1mg/kg 时保留三位有效数字。

7.2　有机硒

样品中无机硒含量以质量分数 W_2 计，数值以毫克每千克（mg/kg）表示，按下列公式计算：

$$W_2 = W - W_1$$

式中：

W_2——试样中有机硒含量，单位为毫克每千克（mg/kg）；

W——试样中总硒含量，单位为毫克每千克（mg/kg）；

W_1——试样中无机硒含量，单位为毫克每千克（mg/kg）；

计算结果保留二位有效数字。样品含量超 1mg/kg 时保留三位有效数字。

8　精密度

对于无机硒、有机硒含量在大于 1.0mg/kg、0.1mg/kg～1.0mg/kg、0.01mg/kg～0.1mg/kg 范围，在重复性条件获得的两次独立测试结果的绝对差值分别不得超过算术平均值的 10%，20% 和 40%。

备注：

该标准 2007 年 12 月 21 日发布，2007 年 12 月 28 日实施。

参 考 文 献

鲍士旦. 2000. 土壤农化分析. 3 版[M]. 北京：中国农业出版社.

程建中. 2012. 富硒雷竹笋和毛竹笋形态研究[D]. 杭州：浙江农林大学.

戴五洲, 胡晓龙, 郑云林, 等. 2018. 饲粮中添加甘氨酸纳米硒对肥育猪血清和组织器官抗氧化
  能力及硒含量的影响[J]. 动物营养学报, 30（3）：929-937.

李登科, 范国樑, 叶鸿宇, 等. 2016. 高效液相色谱-电感耦合等离子质谱分析烟草中硒形态[J]. 分
  析科学学报, 32（6）：836-840.

李娜. 2011. 植物性食品中硒的形态分析方法的建立[D]. 武汉：华中农业大学.

李晓丽. 2017. 饲料中添加羟基蛋氨酸硒对凡纳滨对虾生长、抗氧化和抗亚硝酸盐胁迫的影
  响[D]. 厦门：集美大学.

廖美林, 马作江, 谢义梅, 等. 2015. 微波消解-原子荧光法测定人体血液头发中的痕量硒[J]. 微
  量元素与健康研究, 32（6）：70-72.

刘增林, 王国芹, 王旭东, 等. 1996. 头发样品采集与洗涤[J]. 预防医学文献信息，（4）：358-359.

米秀博, 邵树勋, 汤鑿, 等. 2014. 湖北恩施地区天然富硒植物中硒形态的 HPLC-ICP-MS 分析[J].
  草业科学, 31（6）：1173-1177.

秦川. 2007. 常见人类疾病动物模型的制备方法[M]. 北京：北京大学医学出版社.

瞿建国, 徐伯兴, 龚书椿. 1997. 连续浸提技术测定土壤和沉积物中硒的形态[J]. 环境化学,
  16（3）：277-283.

史孟娟. 2017. 纳米硒对青鳉鱼的毒性及作用机制研究[D]. 咸阳：西北农林科技大学.

王丙涛, 谢丽琪, 林燕奎, 等. 2011. 高效液相色谱-电感耦合等离子体质谱联用检测食品中的
  五种硒形态[J]. 色谱, 29（3）：223-227.

王梅, 张红香, 邹志辉, 等. 2011. 原子荧光光谱法测定富硒螺旋藻片中不同形态、价态的硒[J].
  食品科学, 32（6）：179-182.

王永侠. 2011. 硒代蛋氨酸对肉鸡的生物学效应及其分子机理研究[D]. 杭州：浙江大学.

魏韬, 华育平, 侯志军. 2011. 貉被毛硒含量的研究[J]. 牡丹江医学院学报, 32（2）：14-15.

吴少尉, 池泉, 陈文武, 等. 2004. 土壤中硒的形态连续浸提方法的研究[J]. 土壤, 36（1）：92-95.

熊珺, 覃毅磊. 2016. 顶空单滴液相微萃取与气相色谱-质谱联分析食品中挥发性的有机硒[J].
  广东化工, 43（21）：168-169，159.

徐国景. 2008. 实验动物管理与实用技术手册[M]. 武汉：湖北科学技术出版社.

徐肖雅. 2012. 人血清和尿液中硒的形态分析方法研究[D]. 北京：中国疾病预防控制中心.

杨盛华. 2011. 不同地区肾结石患者血清和尿液微量元素水平 ICP-MS 测定及比较[D]. 福州：福
  建医科大学.

张磊. 2014. 山羊组织中硒沉积量对 GPX 基因 mRNA 表达的影响[D]. 咸阳:西北农林科技大学.

张玲金, 陈德勋, 刘晓端. 2004. 植物中硒的分离和微波消解-原子荧光测定法[J]. 环境与健康杂

志，（3）：176-179.

张生福，何宝祥，杜玉兰，等. 1993. 荧光法测定西德长毛兔被毛中的硒含量[J]. 青海畜牧兽医
　　杂志，（3）：21-22.

仲娜. 2008. 电感耦合等离子体质谱（ICP-MS）及高效液相色谱与电感耦合等离子体质谱联用
　　技术（HPLC-ICP/MS）用于富硒生物样品中硒的化学形态组成及分布规律研究[D]. 青岛：
　　中国海洋大学.

Martens D A，Suarez D L. 1996. Selenium speciation of soil/sediment determined with sequential
　　extractions and hydride generation atomic absorption spectrophotometry[J]. Environmental
　　Science & Technology，31（1）：133-139.

Wang S，Liang D，Wang D，et al. 2012. Selenium fractionation and speciation in agriculture soils and
　　accumulation in corn（Zea mays L.）under field conditions in Shaanxi Province，China[J].
　　Science of the Total Environment，427：159-164.

后 记

　　我们编写这本工具书是缘于硒素科技工作者的"硒缘"和对硒的难解情怀。本书首先对硒的发现与功能及几种常见的硒化合物进行了详细的科普介绍，使广大读者能进一步认识硒、了解硒、熟悉硒。其次，系统地对水体、土壤、岩石与煤、肥料、气体、植物、食用菌、藻类、微生物、动物、人体、食品等进行硒检测分析前的采样与样品制备做了专门阐述，并在此基础上，考虑读者对象不同，书中有时在不同类型与形态的硒的检测分析操作方法的同一分析项目中，并列了几种方法，有的较为复杂，有的略为简便。不同的分析检测方法所需的仪器设备也不尽相同，可根据分析目的、要求和化验条件选择使用。

　　本书的主旨是为广大硒素科技工作者提供一本能"看之即会、拿来即用"的不同类型硒检测方法的工具书。书稿的编写参考了多种书刊与硒素科研工作者们的成果。除少数无从查考外，其余均已注明出处，在此向引用文献的作者表示感谢！

　　本书出版得到广西创新驱动发展富硒科技重大专项"富硒土壤资源高效安全利用"（桂科 AA17202026）与"广西特色富硒农林产品硒形态检测方法及富硒产品营养与安全性评价"（桂科 AA17202038）等项目的资助，向专项各参加单位与人员积极提供资料表示感谢！最后感谢中国科学院南京土壤研究所赵其国院士在百忙之中为本书题序，感谢西北农林科技大学梁东丽教授与国际硒研究学会秘书长尹雪斌博士对某些章节提出宝贵的具体修改意见。还有对本书出版提供帮助的同事、同行及其他同志，一并表示由衷的感谢！

　　在编写过程中，由于自身水平有限，书中难免存在疏漏之处，恳请广大读者批评指正并提出宝贵意见。

刘永贤

2019 年 4 月 20 日